"十二五"高等职业教育土建类专业规划教材

电梯控制原理与维修

熊新国　王兴举　主　编
魏宏飞　副主编

中国铁道出版社
CHINA RAILWAY PUBLISHING HOUSE

内 容 简 介

本书以系统性、知识性、实用性为出发点,首先介绍了电梯的定义、型号、用途及电梯的发展变化等一些电梯的基本常识;在对电梯有一个整体认识以后,接下来对电梯的机械及电气控制这两部分做了比较详细的介绍;考虑到自动扶梯与自动人行道的应用日益广泛,在第4章对自动扶梯与自动人行道做了较为详尽的阐述;从安全使用和管理电梯的角度考虑,在第5章对电梯的维护、保养及安全管理制度做了介绍。

本书根据机电类专业高级技能人才的培养要求,突破传统的科学教育对学生技术应用能力培养的局限,编写时先介绍主体知识,然后再说明相关知识的具体应用,最后介绍主体知识中的重点操作技能。

本书既可作为电梯工程技术专业、电气自动化技术专业、机电一体化技术专业、建筑电气工程技术专业和楼宇智能化工程技术等专业的教材,也可作为电梯从业人员的培训教材。

图书在版编目(CIP)数据

电梯控制原理与维修/熊新国,王兴举主编 . —北京:中国铁道出版社,2013.11
"十二五"高等职业教育土建类专业规划教材
ISBN 978 - 7 - 113 - 17267 - 1

Ⅰ.①电…　Ⅱ.①熊…　②王…　Ⅲ.①电梯—电气控制—高等职业教育—教材 ②电梯—维修—高等职业教育—教材　Ⅳ.①TU857

中国版本图书馆 CIP 数据核字(2013)第 202803 号

书　　名:**电梯控制原理与维修**
作　　者:熊新国　王兴举　主编

策　　划:何红艳　　　　　　　　　　读者热线:400 - 668 - 0820
责任编辑:何红艳　　　　　　　　　　特邀编辑:王　冬
编辑助理:绳　超
封面设计:付　巍
封面制作:白　雪
责任印制:李　佳

出版发行:中国铁道出版社(100054,北京市西城区右安门西街 8 号)
网　　址:http://www.51eds.com
印　　刷:北京海淀五色花印刷厂
版　　次:2013 年 11 月第 1 版　　　2013 年 11 月第 1 次印刷
开　　本:787mm×1092mm　1/16　印张:13.5　字数:324 千
印　　数:1~3000 册
书　　号:ISBN 978 - 7 - 113 - 17267 - 1
定　　价:26.00 元

　　电梯行业每年人才需求量较大，而适合高职高专的电梯教材又很少，基于这样一个现状我们编写了本书。本书和以往一些电梯教材的区别是强化了电梯电气部分的PLC 控制、微机控制和变频调速控制，补充了自动扶梯和自动人行道的相关内容，是一本有机衔接和贯通以前所学知识并且内容涵盖全面的专业教材。

　　本书的编写特点是对所要介绍的每一个知识点先提出"观察与思考"，在学生明白自己要学习的内容后，接着介绍相关知识点的主体知识，再对该知识点有何重要应用以举例形式进行说明，最后对该知识点中包含的重要操作技能点进行说明，并给出了细致的量化评分标准。全书始终贯彻循序渐进的编写思路，在编写中将电梯行业、企业标准融入本书内容中，让本书内容与最新的电梯行业、企业标准有效衔接。在内容上结合实际情况，突出工艺要领和操作技能的培养，努力使其成为一本既是理论教材，又是实训时能脱离理论的培训教材。

　　全书共分 5 章：第 1 章介绍了电梯的定义、分类及电梯的相关参数，另外对电梯的工作条件等知识进行了介绍；第 2 章介绍了电梯的驱动系统、轿厢、平衡装置、门系统、引导系统及机械安全保护系统；第 3 章介绍了电梯的电气控制系统；第 4 章介绍了自动扶梯及自动人行道；第 5 章对电梯在使用过程中的维护、保养及安全管理做了介绍；附录部分介绍了欧洲 EN 电梯标准及中国电梯相关法律法规文件目录表。

　　对本书授课建议如下表：

授　课　内　容	授　课　方　法	课时安排/课时
电梯的整体认识	图片展示	6
电梯的机械系统	图片展示、动画演示	10
电梯的电气控制系统	分块讲解	22
自动扶梯与自动人行道	图片展示	4
电梯的维护、保养及安全管理制度	举例分析	4

　　本书由河南职业技术学院熊新国和河南工业职业技术学院王兴举担任主编，河南工业职业技术学院魏宏飞担任副主编。熊新国编写了内容简介、前言、附录、第 1 章、第 2 章、第 3 章的 3.8 节及第 4 章；王兴举编写第 3 章的 3.1～3.4 节及第 5 章；魏宏飞编写了第 3 章的 3.5～3.7 节；熊新国和浙江天煌科技实业有限公司的艾光波共同编写了第 3 章的 3.9 节。本书由熊新国和上海三菱电梯有限公司的林名利统稿并润色。

　　本书免费提供配套的电子教案，下载地址为 http://www.51eds.com。

在编写本书过程中，我们参考了有关资料（详见本书后面的"参考文献"），在此特向这些参考文献的作者们表示衷心的感谢，另外还要感谢三菱电梯有限公司的苑宁技术员对本书所提的宝贵意见。

由于编者的经验、水平有限，书中难免存在不足和缺漏，恳请广大读者批评指正。

编　者

2013 年 9 月

CONTENTS | **目 录**

第 1 章

电梯的整体认识

电梯的存在,方便了人们的生活。纽约的前世界贸易中心大楼,除每天有 5 万人上班外,还有 8 万人次的来访和旅游,通过 250 台电梯和 75 台自动扶梯的设置与正常运行,才使得合理调运人员、充分发挥大楼的功能成为现实。坐落在上海浦东的金茂大厦,高度为 420.5 m,主楼地上 88 层,建筑面积 2.3 万 m²,集金融、商业、办公和旅游为一体,其中 60 台电梯、18 台扶梯的作用是显而易见的。

国家标准的 GB 50096—2011《住宅设计规范》规定:7 层及 7 层以上住宅或住户入口层楼面距室外设计地面的高度超过 16 m 的住宅必须设置电梯。

学习目标

- 了解电梯的发展变化、我国电梯发展的概况及电梯未来的发展趋势。
- 掌握电梯的定义、分类、主参数及国产电梯型号的编制方法。
- 掌握电梯的工作条件及对建筑物的相关要求。

1.1 电梯的发展概况及趋势

➢ 本节主要介绍电梯的发展变化。

➢ 本节介绍我国电梯的发展概况及电梯未来的发展趋势。

观察与思考

什么是电梯?根据早期国家标准 GB/T 7024—1997《电梯、自动扶梯、自动人行道术语》,电梯的定义为"服务于规定楼层的固定式升降设备。它具有一个轿厢,运行在至少两列垂直的或倾斜角小于 15°的刚性导轨之间。轿厢尺寸与结构形式便于乘客出入或装卸货物。"显然,早期定义的电梯是一种间歇动作的、沿垂直方向运行的、由电力驱动的、完成方便载人或运送货物任务的升降设备,在建筑设备中属于起重机械。而在机场、车站、大型商厦等公共场所普遍使用的自动扶梯和自动人行道,按早期专业定义则属于一种在倾斜或水平方向上完成连续运输任务的输送机械,它只是电梯家族中的一个分支。

为了与国际接轨,最新国家标准规定,电梯是指动力驱动,利用沿刚性导轨运行的箱体或者沿固定线路运行的梯级(踏步),进行升降或者平行送人、货物的机电设备,包括载人(货)电梯、自动扶梯、自动人行道等。

1.1.1　电梯的发展变化

　　早在我国古代的周朝时期就出现了提水用的辘轳（见图1-1）。这是一种由木制（或竹制）的支架、卷筒、曲柄和绳索组成的简单卷扬机，是电梯的早期雏形。

图 1-1　提水辘轳

　　公元1765年，瓦特发明了蒸汽机后，美国于1858年研制出以蒸汽为动力拖动的升降机。1845年，英国人阿姆斯特朗制作了第一台水压式升降机，这是现代液压电梯的雏形。

　　第一台用电力拖动的电梯，是美国奥的斯电梯公司于1889年首先推出的，被安装在纽约的戴纳斯特大厅里。它由直流电动机直接带动蜗轮、蜗杆传动，通过卷筒升降轿厢，称为鼓轮式电梯。鼓轮式电梯示意图如图1-2所示。鼓轮式电梯在提升高度、钢丝绳根数、载重量方面有一定的局限性，在安全运行上存在着缺陷，断绳坠落事故时有发生，因而它的发展受到了安全性的考验。

　　1903年，奥的斯电梯公司将卷筒驱动的电梯改为曳引驱动的电梯（见图1-3），为今天的长行程电梯奠定了基础。从此在电梯的驱动方式上，曳引驱动占据了主导地位。曳引驱动不仅使传动机构体积大大减小，而且还有效地提高了电梯曳引机在结构设计时的通用性和安全性。

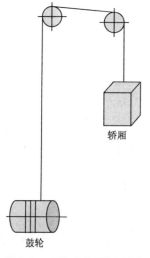

图 1-2　鼓轮式电梯示意图

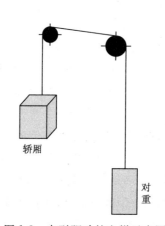

图 1-3　曳引驱动的电梯示意图

1.1.2 我国电梯发展概况

我国电梯事业发展的历史较短,在新中国成立之前,只有上海、天津、北京有美国奥的斯电梯公司的维修服务站,但其也只能修配电梯零件,根本不能制造电梯。新中国成立以后,自 1952—1954 年期间,我国先后在上海、天津、沈阳建立了 3 家电梯生产厂。到了 20 世纪 60 年代,又在西安、广州、北京等地先后建立了电梯厂。至 1972 年,全国有电梯定点生产厂家 8 家,年产电梯近 2 000 台。

自 1978 年以后,在经济增长和基建规模扩大的情况下,电梯市场在 1985 年完全由卖方市场支配和占领,这一形势大大刺激了电梯生产。全国各地出现了大批中小电梯厂,至 1999 年,全国共有电梯生产厂家近 400 家,年产电梯近 3 万台。

在发展电梯控制新技术方面,在 1979 年以前,我国已有一些电梯厂和科研单位合作研究和试验半导体无触点的电梯控制系统和多项电梯制造和控制新技术,但由于国内基础工业水平低,配套元器件质量差,不能满足电梯的可靠性要求,以及其他主客观因素的影响,使得收效甚微。从 1979 年开始,国内几家主要电梯生产厂先后和国外电梯公司合资生产经销电梯产品。首先由北京电梯厂、上海电梯厂和瑞士迅达电梯公司于 1980 年合资成立了国内第一家电梯合资生产企业——中国迅达电梯有限公司。之后在 1985 年,天津电梯厂与美国奥的斯电梯公司合资成立了天津奥的斯电梯有限公司。1987 年,上海长城电梯厂与日本三菱电机公司合资,其他还有广西柳州电梯厂与前联邦德国慕尼黑电梯公司合资,广州电梯厂与日本日立电梯公司合资。苏州电梯厂又与瑞士迅达电梯公司合资成立了苏迅电梯有限公司。随着技术引进和新产品的开发,国内电梯市场竞争日益加剧,电梯产品的产量、质量和技术水平也在竞争中迅速提高。目前国内已能批量生产微机控制的货梯、客梯,交流调速拖动的技术水平也在迅速提高。1999 年全国运行的电梯已超过 30 万台。

技术与应用——电梯的发展趋势

1. 电梯群控系统将更加智能化

电梯智能群控系统将基于强大的计算机软硬件资源,如基于专家系统的群控、基于模糊逻辑的群控、基于计算机图像监控的群控、基于神经网络控制的群控、基于遗传基因法则的群控等。这些群控系统能适应电梯交通的不确定性、控制目标的多样性、非线性表现等动态特性。随着智能建筑的发展,电梯的智能群控系统将与大楼所有的自动化服务设备结合成整体智能系统。

2. 超高速电梯速度越来越高

21 世纪将会发展多用途、全功能的塔式建筑,超高速电梯继续成为研究方向。曳引式超高速电梯的研究继续在采用超大容量的电动机、高性能的微处理器、减振技术、新式滚动导靴、安全钳、永磁同步电动机、轿厢气压缓解和噪声抑制系统等方面推进。采用直线电机驱动的电梯也有较大的研究空间。未来超高速电梯舒适感会有明显提高。

3. 蓝牙技术在电梯上广泛应用

蓝牙(Bluetooth)技术是一种全球开放的、短距离无线通信技术规范,可通过短距离无线通信，把电梯各种电子设备连接起来，无须纵横交错的电缆线，可实现无线组网。这种技术将减少电梯的安装周期和费用，提高电梯的可靠性和控制精度，更好地解决电气设备的兼容性，有利于把电梯归纳到大楼管理系统或智能化管理小区系统中。

4. 绿色电梯将普及

要求电梯节能、减少油污染、电磁兼容性强、噪声小、寿命长、采用绿色装潢材料、与建筑物协调等。甚至有人设想在大楼顶部的机房利用太阳能作为电梯补充能源。

5. 电梯产业将网络化、信息化

电梯控制系统将与网络技术相结合，用网络把各地的电梯监管起来进行维保；通过电梯网站进行网上交易，包括电梯配置、招投标等，也可以在网上申请电梯定期检验。

6. 乘电梯去太空

坐电梯进入太空，这一设想是前苏联科学家在 1895 年提出来的，后来一些科学家相继提出了各种解决方案。2000 年，美国国家航空与航天局（NASA）描述了建造太空电梯的概念，这需要极细的碳纤维制成的缆绳，并能延伸到地球赤道上方 3.5 万千米。为使这条缆绳突破地心引力的影响，太空中的另一端必须与一个质量巨大的天体相连。这一天体向外太空旋转的力量与地心引力抗衡，将使缆绳紧绷，允许电磁轿厢在缆绳中心的隧道穿行。普通人登上太空这个梦，未来将实现。

1.2　电梯的分类及相关参数

➢ 本节主要介绍根据我国行业习惯电梯的分类方法。
➢ 本节介绍电梯的主要参数及国内外电梯型号的表示方法。

观察与思考

电梯分类有什么意义？由于建筑物的用途不同，客、货流量也不同，故需配置各种类型的电梯，因此，掌握电梯的分类有很重要的意义。电梯的参数是电梯制造厂设计和制造电梯的依据。用户选用电梯时，必须根据电梯的安装使用地点、载运对象等，按标准规定，正确选择电梯的类别和有关参数与尺寸，并根据这些参数与规格尺寸，设计和建造安装电梯的建筑物，否则会影响电梯的使用效果。

1.2.1　电梯的分类

根据我国的行业习惯，电梯大致归纳如下：

1. 按速度分类

（1）低速电梯（又称丙梯）：电梯运行的额定速度在 1 m/s 以下，如 0.25 m/s、0.5 m/s、0.63 m/s、0.75 m/s，常用于 10 层以下的建筑物内。

（2）快速电梯（又称乙梯）：电梯运行的额定速度在 1～2.5 m/s 之间，如 1.5 m/s、1.75 m/s、2 m/s，常用于 10 层以上的建筑物内。

（3）高速电梯（又称甲梯）：运行的额定速度在 2.5～5 m/s 之间（含 2.5 m/s 和 5 m/s），

如 2.5 m/s、3 m/s，常用于 16 层以上的建筑物内。

（4）超高速电梯：运行的额定速度达 5 m/s，甚至更高。常用于楼高超过 100 m 的建筑物内。

随着电梯速度的提高，以往对高、中、低速电梯速度限值的划分也将作相应的提高和调整。

2．按用途分类

（1）乘客电梯：主要为运送乘客设计的电梯，主要用于宾馆、饭店、办公大楼及高层住宅，在安全设施、运行舒适、轿厢通风及装饰等方面要求较高。

（2）住宅电梯：主要为住宅楼而设计的电梯，主要运送乘客，也可运送家用物件或生活用品，速度在低、快速之间。其中载重量为 630 kg 的住宅电梯，其轿厢还允许运送残疾人乘座的轮椅和童车。

（3）载货电梯：主要为运送货物而设计的电梯，轿厢的有效面积和载重量较大，因装卸人员常常需要随梯上下，故要求安全性好，结构牢固。

（4）客货电梯：主要是用来运送乘客，但也可运送货物的电梯。它与乘客电梯的主要区别是轿厢内部装饰不及乘客电梯，一般多为低速。

（5）医用电梯：主要为运送病床、担架、医用车而设计的电梯，轿厢具有长而窄的特点。

（6）杂物电梯：主要为图书馆、办公楼、饭店运送图书、文件、食品等而设计的电梯。

（7）观光电梯：轿厢壁透明，主要为乘客观光而设计的电梯。

（8）车辆电梯：主要为装运车辆而设计的电梯。

（9）船舶电梯：船舶上使用的电梯。

除上述常用电梯外，还有一些特殊用途的电梯，如冷库电梯、建筑施工电梯、防爆电梯、矿井电梯、电站电梯、消防员用电梯等。

3．按驱动方式分类

（1）交流电梯：用交流感应电动机作为驱动力的电梯。根据拖动方式又可分为交流单速、交流双速、交流调压调速、交流变压变频调速等。

（2）直流电梯：用直流电动机作为驱动力的电梯。这类电梯的额定速度一般在 2.00 m/s 以上。

（3）液压电梯：一般利用电动泵驱动液体流动，由柱塞使轿厢升降的电梯。

4．按电梯有无驾驶人员分类

（1）有驾驶人员电梯：电梯的运行方式由专职驾驶人员操纵来完成。

（2）无驾驶人员电梯：乘客进入电梯轿厢，按下操纵盘上所要前往的楼层按钮，电梯自动运行到达目的楼层，这类电梯一般具有集选功能。

（3）有/无驾驶人员电梯：这类电梯可变换控制电路，平时由乘客操纵，如客流量大或必要时改由驾驶人员操纵。

5．按操纵控制方式分类

（1）手柄开关操纵电梯：电梯驾驶人员在轿厢内控制操纵盘手柄开关，实现电梯的启动、上升、下降、平层、停止。

（2）按钮控制电梯：是一种简单的自动控制电梯，具有自动平层功能，常见的有轿外按钮控制、轿内按钮控制两种控制方式。

（3）信号控制电梯：这是一种自动控制程度较高的有驾驶人员电梯。除具有自动平层、自动开门功能外，还具有轿厢命令登记、层站召唤登记、自动停层、顺向截停和自动换向等功能。

（4）集选控制电梯：是一种在信号控制基础上发展起来的全自动控制的电梯，与信号控制电梯的主要区别在于能实现无驾驶人员操纵。

（5）并联控制电梯：2或3台电梯的控制线路并联起来进行逻辑控制，共用层站外召唤按钮，电梯本身都具有集选功能。

（6）群控电梯：是用微机控制和统一调度多台集中并列的电梯。群控有梯群程序控制、梯群智能控制等形式。

6. 其他分类方式

按机房位置分类，则分为机房在井道顶部的（上机房）电梯、机房在井道底部旁侧的（下机房）电梯及机房在井道内部的（无机房）电梯。

按轿厢尺寸分类，则经常使用"小型""超大型"等抽象词汇表示。

1.2.2 电梯的相关参数

1. 电梯的主参数

电梯的主参数有两个：一个是额定载重量，另外一个是额定速度。

（1）额定载重量（kg）：制造和设计规定的电梯额定载重量。

（2）额定速度（m/s）：制造和设计所规定的电梯运行速度。

2. 电梯的其他参数

（1）轿厢尺寸（mm）：宽×深×高。

（2）轿厢形式：有单面或双面开门及其他特殊要求等，如对轿厢顶、轿厢底、轿壁的处理，颜色的选择，对电风扇、电话机的要求等。

（3）轿厢门形式：有栅栏门、封闭式中分门、封闭式双折门、封闭式双折中分门等。

（4）开门宽度（mm）：轿厢门和层门完全开启时的净宽度。

（5）开门方向：人在轿外面对轿厢门向左方向开启的为左开门，门向右方向开启的为右开门，两扇门分别向左右两边开启的为中开门，又称中分门。

（6）曳引方式，常用的有：半绕1:1吊索法，轿厢的运行速度等于钢丝绳的运行速度；半绕2:1吊索法，轿厢的运行速度等于钢丝绳运行速度的一半；全绕1:1吊索法，轿厢的运行速度等于钢丝绳的运行速度。这几种常用曳引方式示意图如图1-4所示。

（7）电气控制系统：包括控制方式、拖动系统的形式等，如交流电动机拖动或直流电动机拖动、轿内按钮控制或集选控制等。

（8）停层站数（站）：凡在建筑物内各楼层用于出入轿厢的地点均称为站。

（9）底坑深度（mm）：由底层端站楼面至井道底面之间的垂直距离。电梯的运行速度越快，底坑深度一般越深。

（10）井道高度（mm）：由井道底面至机房楼板或隔音层楼板下最突出构件之间的垂直距离。

（11）顶层高度（mm）：由顶层端站楼面至机房楼板或隔音层楼板下最突出构件之间的垂直距离。电梯的运行速度越快，顶层高度一般越高。

（12）井道尺寸（mm）：宽×深。

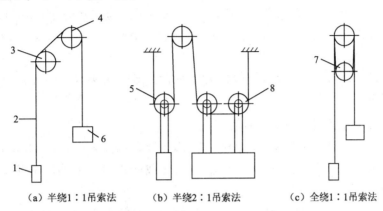

（a）半绕1∶1吊索法　　（b）半绕2∶1吊索法　　（c）全绕1∶1吊索法

图 1-4　电梯常用曳引方式示意图

1—对重装置；2—曳引绳；3—导向轮；4—曳引轮；

5—对重轮；6—轿厢；7—复绕轮；8—轿顶轮

3. 我国有关标准对电梯主要参数和规格尺寸的规定

为了加强对电梯产品的管理，提高电梯产品的使用效果，我国于 1974 年颁布了 JB 1435—1974、JB 816—1974、JB/Z 110—1974 等一系列电梯产品的标准，1986 年颁布国家标准 GB 7025—1986，并取代原标准 JB 1435—1974 等。GB 7025—1986 的颁布，对当时国内已批量生产的乘客电梯、载货电梯、医用电梯、杂物电梯等类型的电梯及其井道、机房的形式、基本参数与尺寸有了较明确的规定。1997 年我国又颁布 GB/T 7025.1—1997、GB/T 7025.2—1997、GB/T 7025.3—1997 推荐性标准。2008 年又发布了最新的国家标准 GB/T 7025.1—2008。

技术与应用——电梯的型号编制规定

1. 国产电梯型号编制规定

电梯型号编制方法的规定：电梯、液压梯产品的型号由第一部分（类、组、型、改型代号）、第二部分（主参数）和第三部分（控制方式）3 部分代号组成。第二、三部分之间用短线分开。电梯、液压梯产品的型号表示如图 1-5 所示。

图 1-5　电梯、液压梯产品的型号表示

第一部分中，"类"指产品类型。在电梯、液压梯产品中，取"梯"字拼音字头"T"，表示电梯、液压梯产品。

第一部分中，"组"指产品品种代号，即电梯的用途。"K"表示乘客电梯的"客"，"H"

为载货电梯的“货”，“L”表示客货两用的“两”等。

第一部分中，“型”指产品的拖动方式，指电梯动力驱动类型。当电梯的曳引电动机为交流电动机时，称为交流电梯，用“J”表示“交”；当曳引电动机为直流电动机时，称为直流电梯，以“Z”表示“直”；对于液压电梯，用“Y”表示“液”。

第一部分中，“改型代号”用小写字母表示，一般冠以拖动类型调速方式，以示区分。

第二部分中，第一小部分表示电梯的额定载重量，单位为千克（kg），为电梯的主参数，有 400、800、1 000、1 250 等。

第二部分中，第二小部分表示电梯的额定速度，单位为米/秒（m/s），有 0.5、0.63、0.75、1、1.5、2.5 等。

第三部分表示控制类型。电梯产品型号示例如下：

（1）TKJ 1000/1.6-JX 表示交流乘客电梯。额定载重量 1 000 kg，额定速度 1.6 m/s，集选控制。

（2）TKZ 800/2.5-JXW 表示直流乘客电梯。额定载重量 800 kg，额定速度 2.5 m/s，微机组成的集选控制。

（3）THY 2000/0.63-AZ 表示液压货梯。额定载重量 2 000 kg，额定速度 0.63 m/s，按钮控制。

2. 国外电梯型号命名规则

（1）以电梯生产厂家公司及生产产品序号表示。例如，TOEC-90，前面的字母是厂家英文字头，为天津奥的斯电梯公司，90 代表其产品类型号。

（2）以英文字头代表电梯的种类，以产品类型序号区分。例如，三菱电梯 GPS-Ⅱ，前面字母为英文字头，代表产品种类，Ⅱ代表产品类型号。

（3）以英文字头代表电梯的种类，配以数字表征电梯参数。例如，“广日”牌电梯，YP-15-CO90，YP 表示交流调速电梯，额定乘员 15 人，中分门，额定速度 90 m/min。

国外电梯型号还有其他表示方法。从上面叙述可以看出：国外电梯即使知道其型号，也必须要根据其产品说明书了解其参数。

1.3 电梯的工作条件和对建筑物的相关要求

- 本节主要介绍电梯的工作条件及对建筑物的相关要求。
- 本节还简单介绍电梯的常用术语。

观察与思考

为什么要了解电梯的工作条件及对建筑物的相关要求？从现代电梯运行的安全性、可靠性及维护的方便性等因素考虑，对电梯的工作条件、供安装电梯的建筑物及其相关方面提出了明确的要求。

1.3.1 电梯的工作条件

电梯是一种大型的机电合一的特种产品。为了让电梯能正常工作，也为了让电梯能更好地为人类服务，对电梯的工作条件一般有如下要求：

（1）海拔高度不超过 1 000 m。

（2）机房内的空气温度应保持在 5～40 ℃。

（3）运行地点的最湿月月平均相对湿度为 90%，同时该月月平均最低温度不高于 25 ℃。

（4）供电电压相对于额定电压波动应在 ±7% 的范围内。

（5）环境空气中不应含有腐蚀性和易燃性气体及导电尘埃。

1.3.2　电梯对建筑物的相关要求

1. 对井道的结构要求

每台电梯井道均应由无孔的墙、底板和顶板完全封闭起来。电梯井道只允许有下列开口（不要求防止火灾蔓延的井道除外）：

（1）层门开口。

（2）通向井道的检修门、井道安全门及检修活板门的开口。

（3）火灾情况下排除气体及烟雾的排气孔。

（4）通风孔。

（5）井道与机房及滑轮之间的永久性开口。

2. 井道安全门设置

当相邻两层门地坎间的距离大于 11 m 时，其间应设井道安全门，以确保相邻地坎间的距离不大于 11 m。如果在相邻轿厢间的水平距离不大于 0.75 m，轿厢顶部边缘与相邻轿厢的运行部件（轿厢或对重）之间的水平距离大于或等于 0.3 m，且都装有轿厢安全门的情况下，可不受此规定的限制。

井道安全门、检修门及检修活板门应符合下列要求：

（1）不得朝井道内开启。

（2）应装设用钥匙开启的锁，当门开启后不用钥匙也能将其关闭及锁住；在锁住的情况下，从井道内部不用钥匙可将门打开。

（3）这些门应设符合规范要求的电气安全装置，只有在处于关闭状态时，电梯才能运行（检修活板门在检修操作期间例外）；井道安全门的高度不得小于 1.8 m，宽度不得小于 0.35 m；检修门的高度不得小于 1.4 m，宽度不得小于 0.6 m；检修活板门的高度不得大于 0.5 m，宽度不得大于 0.5 m。

（4）这些门应是无孔的，并且应具有与层门一样的机械强度。

3. 有轿厢门电梯轿厢与面对轿厢入口处的井道内表面之间的间距

井道内表面与轿厢地坎或轿厢门框架或轿厢门（对于滑动门是指门的最外边沿）之间的水平距离不得大于 0.15 m。（互连的折叠门尤应注意）。

4. 轿厢和对重下面空间的保护

如果轿厢或对重下面有人们能到达的空间存在，井道底坑的底面最小应按 5 000 N/m 的载荷设计。

5. 底坑

（1）底坑的底部。底坑的底部应光滑平整，不得作为积水坑使用。在导轨、缓冲器、栅栏等安装竣工后，底坑不得漏水或渗水。

（2）底坑门。如果底坑深度大于 2.5 m，且建筑物的布置允许，应设置底坑进口门。底坑进口门的要求与井道安全门相同。

如果没有其他通道，为便于检修人员安全地进入底坑地面，应在底坑内设置一个从下端站层门进入底坑的永久性装置，此装置不得凸出电梯运行的空间。

（3）底坑的空间。当轿厢完全压在它的缓冲器上时，应同时满足下述条件：

① 底坑内应有足够的空间，该空间的大小以能放进一个不小于 0.5 m×0.6 m×1.0 m 的矩形体为准，矩形体可以任何一个面着地。

② 底坑底与轿厢最低部件之间的自由垂直距离应不小于 0.5 m；底坑底与导靴或滚轮安全钳镍块、护脚板或垂直滑动门的部件之间的自由垂直距离不得小于 0.1m。

（4）底坑内的电气设置：

① 底坑内应有红色双稳态的电梯停止开关，该开关用于停止电梯和使电梯保持停止状态。应将其安装在门的近旁，当人打开门进入底坑后能立即触及到。停止开关或其近旁应标出"停止"字样，以免在需要操作停止开关时出现误操作。

② 电源插座。插座应是 2P+PE 型 250 V。

6. 隔障的设置

在井道的下部，在不同的电梯运动部件（轿厢或对重）之间应设置隔障。这种隔障应至少从轿厢或对重行程的最低点延伸到底坑地面以上 2.5 m 的高度。

如果轿厢顶部边缘与相邻轿厢的运动部件（轿厢或对重）之间的水平距离小于 0.3 m，隔障应延长贯穿整个井道的高度，并应超过其有效宽度（有效宽度是指不小于被保护运动部件的宽度加上每边各加 0.1 m 后的宽度）。

7. 井道照明的设置

井道应设永久性的电气照明，在维修期间，即使门全部关上，在轿厢顶或底坑地面以上1 m 处的照度至少为 50 lx（特殊情况，若允许采用非封闭式井道，且周围又有足够的照度，可不设）。

井道照明应这样设置：井道最高点和最低点 0.5 m 以内各设一盏灯，中间最大每隔 7 m 设一盏灯。

8. 机房（滑轮间）的空间及使用方面的要求

1）机房（滑轮间）的空间

电梯的机房应是一个用实体材料（不允许使用带孔或带栅格的材料）制成的墙壁、房顶、门（或检修活板门）和地面封闭起来的安装电梯驱动主机及其附属设置的一个专用房间。

机房的空间应足够大，以允许维修人员安全、容易地接近所有部件，特别是电气设备。

（1）控制屏（柜）前面的水平净空面积：

深度：从围壁的外表面测量时不小于 0.7 m，在凸出装置（拉手）前面测量时，此距离可以减少至 0.6 m。

宽度：为 0.5 m 或控制屏（柜）的全宽度，取两者中较大者。

（2）在必要的地点及需要进行人工紧急操作的地方的水平净空面积。为了对各运动件进行维修和检查，在必要地点及需要进行人工紧急操作的地方（如手动紧急操作）要有一块不小于0.5 m×0.6 m的水平净空面积。通往这些净空场地的通道宽度应不小于0.5 m。对于没有运动件的地方，此值可减小到0.4 m。

（3）供活动和工作场地的净高度。供活动和工作场地的净高度在任何情况下应不小于1.8 m。供活动和工作场地的净高度是从屋顶结构横梁下面算起测量到通道场地的地面或工作场地的地面的高度。

（4）电梯驱动主机旋转部件上方的垂直净空距离。电梯驱动主机旋转部件的上方应有不小于0.3 m的垂直净空距离。

2）机房（滑轮间）使用方面的要求

机房或滑轮间不得作为电梯以外的其他用途，也不得设置不是电梯用的槽、电缆、管道等。但这些房间可以设置杂物电梯或自动扶梯的驱动主机、空调设备或采暖设备（但不包括热水或蒸汽采暖设备），在一段时间内稳定且有防止意外碰撞的火灾探测器和灭火器。滑轮间应设置红色、双稳态、能防止误操作的停止开关。

（1）机房的门。只有经过批准的人员（维修、检查和营救人员）才能被允许触及电梯驱动主机及其附属设备和滑轮，因此机房应设门（不得向内开启），门上应加锁（但能从机房内不用钥匙将其开启），并标上"机房重地，闲人免进"字样。机房门窗应防风雨。

（2）机房的环境。为保护电动机、设备及电缆等尽可能免受灰尘、有害气体和潮气的损害，机房必须通风，从建筑物其他部分抽出的陈腐空气不得排入机房内。机房内的环境温度应保持在5～40℃之间，微机控制的电梯的机房宜设置空调设备，以保证满足上述对温度的要求。

（3）机房的照明和电源插座。机房照明应是固定式电气照明，地表面上的照度不小于200 lx。照明电源应与电梯驱动主机电源分开，可通过另外的电路或通过与主电源供电侧相连的方法获得照明电源，开关应设在机房内靠近入口处。

室内应设置一个或多个电源插座，2P+PE型或安全电压供电。

（4）机房的附属设施。为了便于在安装或需要更新设备时吊运设备，在房顶板或横梁的适当位置上装备一个或多个金属支架或吊钩。

（5）机房的场地安全。为了确保有关人员进入机房时的方便和安全，机房场地还应满足下列要求：

① 机房地面高度不一，且相差大于0.5 m时，应设置楼梯或台阶并设置护栏。

② 有任何深度大于0.5 m，宽度小于0.5 m的凹坑或任何槽坑时应加盖。

③ 楼板和机房地板上的开口尺寸必须减小到最小，机房内钢丝绳与楼板孔洞每边间隙均应为20～40mm，（对额定速度大于2.5 m/s的电梯，运行中的钢丝绳与楼板不应有摩擦的可能），通向井道的孔洞四周应筑高50 mm以上宽度适当的台阶。

（6）机房、滑轮间的通道。通向机房、滑轮间的通道应畅通安全，在任何时候都能安全、方便地使用。通道应设永久性的电气照明，亮度不低于50 lx。人员进入机房和滑轮间的通道应优先考虑全部采用楼梯，如果不能安装楼梯，梯子应满足下列要求：

① 梯子的踏板应能承受1 500 N的力，梯子的高度不应超过4 m。

② 应不易滑动或翻转。

③ 放置时，梯子与水平面的夹角应在 70°～76°，（固定的并且高度小于 1.5 m 的梯子例外）。

④ 梯子必须专用，在通道地面应随时可用，为此应制定必要的规定。

⑤ 靠近梯子的顶端应设一个或多个容易握到的拉手。

⑥ 当梯子未固定时，应配备固定的附着点。

技术与应用——电梯的常用术语

为了更好地学习和掌握电梯的相关知识，了解电梯的常用术语是很有必要的。电梯的常用术语如下：

（1）提升高度：指电梯从底层端站至顶层端站楼面之间的总运行高度。

（2）层站：各楼层中，电梯停靠的地点，每一层楼，电梯最多只有一个站；但可根据需要在某些楼层不设站。

（3）底层端站：指大楼中电梯最低的停靠站。当大楼有地下楼层时，底层端站往往不是大楼的底层站。

（4）顶层端站：指大楼中电梯最高的停靠站。

（5）基站：指轿厢无指令运行时停靠的层站。此底站一般面临街道，出入轿厢的人数最多。对于具有自动回基站功能的集选控制电梯及并联控制电梯，合理选定基站可提高使用效率。

（6）平层：指轿厢接近停靠站时，欲使轿厢地坎与层门地坎达到同一平面的动作，也可理解为电梯在层站正常停靠时的慢速动作过程。

（7）平层区：指轿厢停靠站上方和（或）下方的一段有限距离。在此区域内，电梯的平层控制装置动作，使轿厢准确平层。

（8）平层准确度：指轿厢到站停靠后，其地坎上平面对层门地坎上平面垂直方向的误差值。

（9）电梯驾驶人员：指经过专门训练，并经有关部门考试合格，受权操纵电梯的人。

（10）检修运行：电梯在维修保养时，由专职维修人员操纵，以低于 0.63 m/s 的速度运行。

（11）自动扶梯提升高度：指自动扶梯进出口两楼层板之间的垂直距离。

（12）理论运输能力：指自动扶梯或自动人行道在理论上每小时能运输的人数。

（13）梯级水平移动距离：指自动扶梯在出入口处的水平运动段。

小　　结

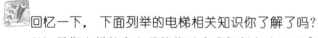

回忆一下，下面列举的电梯相关知识你了解了吗？

（1）早期电梯的定义是特指垂直或倾斜角小于 15° 运行的固定式升降设备。现在习惯于将"垂直"电梯、自动扶梯和自动人行道都归为电梯的范畴。

（2）1889 年奥的斯电梯公司生产的鼓轮式电梯是世界真正意义上的第一台电梯。

（3）当前，电梯的曳引驱动方式占据了主导地位。

（4）电梯分类有多种分类方法。

（5）电梯的主参数特指额定载重量和额定速度。

告诉我，这些电梯知识你能描述出来吗？

(1) 国产电梯型号是如何表示的？

(2) 电梯对工作条件有什么样的要求？

(3) 电梯对建筑物有何要求？

(4) 电梯的常用术语，如"平层"你知道指什么吗？

注意，这些内容与你后续知识的学习关系紧密。

(1) 电梯的定义及分类。

(2) 电梯的常用术语。

练　习

1. 判断题（对的打√，错的打×）

(1) 电梯的主参数包括额定载重量和轿厢尺寸。　　　　　　　　　　　　　　　（　　）

(2) 国家标准 GB 50096—2011《住宅设计规范》规定：7 层及 7 层以上住宅或住户入口层楼面距室外设计地面的高度超过 16 m 的住宅必须设置电梯。　　　　　　　　　　（　　）

(3) 1903 年奥的斯电梯公司生产的曳引式电梯是世界真正意义上的第一台电梯。（　　）

(4) 电梯运行的额定速度超过 5 m/s 的电梯称为快速梯。　　　　　　　　　　（　　）

(5) 乘客电梯轿厢具有长而窄的特点。（　　）

(6) 国产型号是 TKJ 1000/2.5-JX 的电梯含义为：交流调速乘客电梯，额定载重量 1 000 kg，额定速度 2.5 m/s，集选控制。　　　　　　　　　　　　　　　　　　（　　）

2. 选择题

(1) 曳引方式为半绕 1：1 吊索法，轿厢的运行速度是钢丝绳的运行速度的（　　）倍。

　　A. 1　　　　　　　B. 2　　　　　　　C. 3　　　　　　　D. 4

(2) 轿厢尺寸用宽度、深度和（　　）表示。

　　A. 高度　　　　　B. 平层　　　　　C. 加油　　　　　D. 检修

(3) 乘客电梯用大写字母（　　）来表示。

　　A. C　　　　　　B. D　　　　　　C. K　　　　　　D. H

(4) 当电梯拖动方式为液压拖动时，用大写字母（　　）表示其驱动类型。

　　A. J　　　　　　B. Y　　　　　　C. Z　　　　　　D. G

(5) 轿厢尺寸为 2 000×3 000×4 000，表示电梯宽为 2 000 mm，深为 3 000 mm，高为（　　）mm。

　　A. 3 000　　　　B. 5 000　　　　C. 1 000　　　　D. 4 000

(6) 电梯工作的海拔高度一般不超过（　　）m。

　　A. 100　　　　　B. 500　　　　　C. 1 000　　　　D. 2 000

3. 填空题

(1) 电梯运行的额定速度在_____以下的电梯称为低速梯。

（2）医用电梯轿厢一般深度_____宽度（填大于、小于或等于）。

（3）按驱动方式分类，电梯分为交流电梯、直流电梯和_____电梯。

（4）集选电梯与信号控制电梯的主要区别在于能_____。

（5）凡在建筑物内各楼层用于出入轿厢的地点均称为_____。

（6）供电电压相对于额定电压波动应在_____的范围内。

4. 简答题

（1）简述电梯的工作条件。

（2）电梯对井道的结构有何要求？

第2章

电梯的机械系统

电梯系统由电梯机械系统和电梯电气系统两大部分组成。

电梯的机械系统由驱动系统、轿厢、平衡装置、电梯门系统、引导系统、机械安全保护系统等组成。其中引导系统由导轨架、导轨和导靴组成。电梯门系统由轿厢门、层门、开关门机构、门锁等部件组成。机械安全保护系统由限速器、安全钳、缓冲装置及护脚板等组成。

学习目标

- 了解电梯各机械部件的安装方法及所处位置。
- 理解电梯驱动系统、轿厢、门系统、平衡装置及引导系统的作用。
- 掌握电梯对重的计算方法、电梯运行原理及电梯机械保护装置的作用。

2.1 驱 动 系 统

➤ 本节主要介绍驱动系统的作用和组成,并对驱动系统的各组成部分要求作了详细的介绍。

➤ 本节简单介绍曳引电动机容量的选择方法和曳引轮相关参数与电梯运行速度的关系。

➤ 本节介绍曳引电梯钢丝绳的安装方法。

观察与思考

什么是电梯的驱动系统?电梯驱动系统的主要功能是输出与传递动力,使电梯运行。电梯驱动系统有曳引驱动、强制驱动和液压驱动3种方式。现代电梯广泛采用曳引驱动方式。

电梯的曳引驱动系统如图2-1所示。电梯曳引驱动系统由曳引机、导向轮、曳引钢丝绳、曳引绳锥套等部分组成。

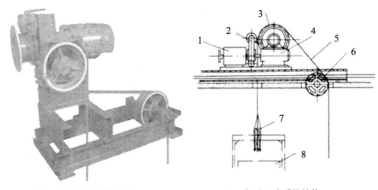

（a）曳引驱动系统外观　　　　　　（b）曳引驱动系统结构

图 2-1　电梯的曳引驱动系统

1—曳引电动机；2—制动器；3—曳引轮；4—机座；

5—曳引钢丝绳；6—导向轮；7—曳引绳锥套；8—轿厢

2.1.1　曳引机

曳引机是电梯的主要拖动机械，驱动电梯的轿厢和对重装置做上、下运动。它一般由曳引电动机、减速器、曳引轮、联轴器、导向轮及直流制动器等组成。

1. 曳引电动机

电梯的曳引电动机有交流电动机和直流电动机两大类。曳引电动机是驱动电梯上下运行的动力来源。电梯曳引电动机应具有以下特点：

（1）能频繁地启动和制动。

（2）启动电流较小。

（3）电动机运行噪声低。

曳引电动机的容量在初选和核算时，可用经验公式（2-1）按静功率计算，即

$$P=\frac{(1-K)\,QV}{102\eta} \tag{2-1}$$

式中　　P——电动机功率，kW。

　　　　K——电梯平衡系数，一般取 0.45～0.5。

　　　　Q——电梯额定载重量，kg。

　　　　V——电梯额定运行速度，m/s。

　　　　η——机械传动总效率。采用有齿轮曳引机的电梯时，若蜗轮副为阿基米德齿形，则电梯机械传动总效率取 0.5～0.55；采用无齿轮曳引机的电梯时，电梯机械传动总效率取 0.75～0.8。

例 2-1：有一台额定载重量为 1 500 kg、额定运行速度为 0.75 m/s 的交流双速电梯，曳引机的蜗轮副采用阿基米德齿形，电动机的额定转速为 1 000 r/min，求电动机的功率（kW）？

解：已知 $Q=1\,500$ kg，$V=0.75$ m/s，$\eta=0.5$，$K=0.5$，代入式（2-1）得

$$P=\frac{(1-0.5)\times1\,500\times0.75}{102\times0.5}\text{kW}\approx11\text{ kW}$$

2．减速器

减速器的目的是将电动机轴输出的较高转速降低到曳引轮所需的较低转速。电梯的减速器有蜗轮蜗杆传动减速器和斜齿轮传动（齿轮减速箱）减速器两种。

1）蜗轮蜗杆传动减速器

蜗轮蜗杆传动减速器由带主动轴的蜗杆与安装在壳体轴承上带从动轴的蜗轮组成。其特点是传动比大、噪声小、传动平稳、结构紧凑、体积较小、安全可靠。蜗杆、蜗轮传动示意图如图 2-2 所示。

2）斜齿轮传动（齿轮减速箱）减速器

斜齿轮传动示意图如图 2-3 所示。20 世纪 70 年代，国外就开始将此项技术应用于电梯传动方面。例如，日本的三菱电机株式会社开发并应用了斜齿轮曳引机与 VVVF（变压变频）控制系统相结合的新型高速电梯系统。

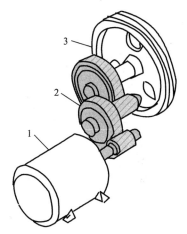

图 2-2　蜗杆、蜗轮传动示意图　　　　图 2-3　斜齿轮传动示意图

1—曳引电动机；2—斜齿轮；3—曳引轮

斜齿轮传动的主要优点是，传动效率高，曳引机整体尺寸小，重量轻。但是用于电梯传动的斜齿轮，要比普通使用的齿轮有更高的质量要求。特别是从乘客的安全角度考虑，应确保机件的疲劳强度、可靠性、质量的稳定性等。

3．曳引轮

曳引轮是嵌挂曳引钢丝绳的轮子，又称曳引绳轮或驱绳轮，曳引轮如图 2-4 所示。对于有齿轮曳引机，它安装在减速器中的蜗轮轴上；而对于无齿轮曳引机，则装在制动器的旁侧，与电动机轴、制动器轴在同一轴线上。

图 2-4　曳引轮

当曳引轮转动时，通过曳引绳和曳引轮之间的摩擦力（又称曳引力）驱动轿厢和对重装置上下运动。所以说，它是电梯赖以运行的主要部件之一。

1）曳引轮绳槽的形状

在电梯中，常用曳引轮绳槽的形状有 3 种：半圆槽、楔形槽和带切口的半圆槽（又称凹形槽），半圆槽、楔形槽和带切口的半圆槽如图 2-5 所示。

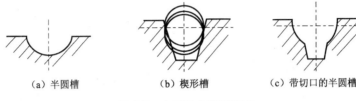

(a) 半圆槽   (b) 楔形槽   (c) 带切口的半圆槽

图 2-5　曳引轮绳槽的形状

（1）半圆槽：半圆槽与曳引绳接触面积大，电梯的曳引绳变形小，有利于延长电梯的曳引绳和电梯的曳引轮寿命。但这种绳槽的当量摩擦系数小，因此曳引能力低。为了提高曳引能力，必须用复绕曳引绳的方法，以增大曳引绳在电梯的曳引轮上的包角。半圆槽多用在全绕式高速无齿轮曳引机直流电梯上，还广泛用于导向轮、轿厢顶轮、对重轮的绳槽。

（2）楔形槽：楔形槽的两侧对电梯的曳引绳产生很大的挤压力，曳引绳与绳槽的接触面积小，接触面的单位压力（比压）大，电梯的曳引绳变形大，电梯的曳引绳与绳槽间具有较高的当量摩擦系数，可以获得很大的驱动力。但这种绳槽的槽形和电梯的曳引绳的磨损都较快，而且当槽形磨损，电梯的曳引绳中心下移时，槽形就接近带切口的半圆槽，当量摩擦系数很快下降。因此这种槽形的范围受到限制，只在轻载、低速电梯上应用。

（3）带切口的半圆槽（凹形槽）：是在半圆槽的底部切制一条楔形槽，电梯的曳引绳与绳槽接触面积减小，比压增大，电梯的曳引绳在楔形槽处发生弹性变形，部分楔入沟槽中，使当量摩擦系数大为增加，一般为半圆槽的 1.5～2 倍，使曳引能力增加。这种槽形摩擦系数大，曳引绳的磨损小，特别是当槽形磨损，电梯的曳引绳中心下移时，由于预制的楔形槽的作用，有使当量摩擦系数基本保持不变的优点，因此在电梯的曳引轮上应用最多。

2）曳引轮直径等参数与电梯运行速度的关系

电梯的运行速度与曳引机减速比、电动机转速、曳引比、曳引轮直径等参数有关，通常按式（2-2）计算：

$$v_0 = \frac{\pi D N}{60 i_{曳} i_{减}} \qquad (2-2)$$

式中　v_0——电梯轿厢的运行速度，m/s；

　　　D——曳引轮直径，m；

　　　N——电动机转速，r/min；

　　　$i_{曳}$——曳引比，与曳引绳绕法有关；

　　　$i_{减}$——曳引机减速器减速比。

例 2-2：某电梯曳引轮直径为 0.62 m，电动机转速为 960 r/min，减速比为 64：2，曳引比为 2：1，试求电梯轿厢的运行速度。

解：已知 $D=0.62$ m，$N=960$ r/min，$i_{曳}=64/2$，$i_{减}=2/1$，代入式（2-2）得

$$v_0=\frac{\pi DN}{60i_{曳}\,i_{减}}\approx\frac{3.14\times0.62\times960}{60\times\frac{64}{2}\times\frac{2}{1}}\,\text{m/s}\approx0.5\text{m/s}$$

4. 联轴器

电动机轴与减速器蜗杆轴在同一轴线上，当电动机旋转时，带动蜗杆轴也旋转，联轴器是连接曳引电动机轴与减速器蜗杆轴的装置，用以传递由一根轴延续到另一根轴上的转矩。联轴器还是制动器装置的制动轮。联轴器在曳引电动机轴端与减速器蜗杆轴端的会合处。

联轴器有刚性联轴器和弹性联轴器两类。

1）刚性联轴器

对于蜗杆轴采用滑动轴承的结构，一般采用刚性联轴器，因为此时轴与轴承的配合间隙较大，刚性联轴器有助于蜗杆轴的稳定转动。刚性联轴器要求两轴之间有高度的同心度，在连接后不同心度应不大于 0.02 mm。刚性联轴器的结构如图 2-6 所示。

2）弹性联轴器

弹性联轴器的结构如图 2-7 所示。由于联轴器中的橡胶块在传递力矩时会发生弹性变形，从而能在一定范围内自动调节电动机轴与蜗杆轴之间的同轴度，因此允许安装时有较大的同心度（允差 0.1 mm），使安装与维修方便，同时，弹性联轴器对传动中的振动具有减缓作用。

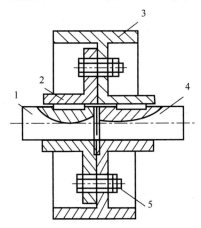

图 2-6　刚性联轴器的结构

1—电动机轴；2—左半联轴器；
3—右半联轴器；4—蜗杆轴；5—螺栓

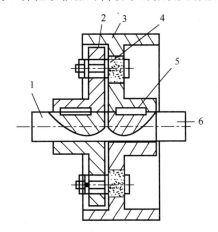

图 2-7　弹性联轴器的结构

1—电动机轴；2—左半联轴器；
3—右半联轴器；4—橡胶块；5—键；6—蜗杆轴

5. 导向轮

导向轮外观与曳引轮相似，具有滑轮结构，作用是使滑轮组具有省力和导向的作用。

6. 直流制动器

直流制动器是电梯重要的安全装置，它的安全、可靠是保证电梯安全运行的重要因素之一。它的作用是能够使运行中的电梯在切断电源时自动把轿厢制停，另外在电梯停止运行时，制动器应能保证在 125% 的额定载荷情况下，使轿厢保持静止，位置不变。电梯直流电磁制动器如图 2-8所示。

当电梯处于静止状态时，曳引电动机、电磁制动器的线圈中均无电流通过，这时因电磁铁

心间没有吸引力，制动瓦块在制动弹簧的作用下，将制动轮抱紧，保证电动机不旋转；当曳引电动机通电旋转的瞬间，制动电磁铁中的线圈同时通上电流，电磁铁心迅速磁化吸合，带动制动臂使其制动弹簧受作用力，制动瓦块张开，与制动轮完全脱离，电梯得以运行；当电梯轿厢到达所需停站时，曳引电动机失电，制动电磁铁中的线圈也同时失电，电磁铁心中的磁力迅速消失，铁心在制动弹簧的作用下通过制动臂复位，使制动瓦块再次将制动轮抱住，电梯停止工作。

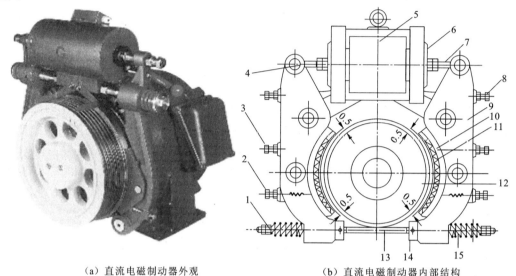

（a）直流电磁制动器外观　　　（b）直流电磁制动器内部结构

图 2-8　电梯直流电磁制动器

1—制动弹簧调节螺母；2—制动瓦块定位弹簧螺栓；3—制动瓦块定位螺栓；4—倒顺螺母；
5—制动电磁体；6—电磁铁心；7—制动铁心调节螺母；8—定位螺栓；
9—制动臂；10—制动瓦块；11—制动材料；12—制动轮；
13—制动弹簧螺杆；14—手动松闸凸轮；15—制动弹簧

直流电磁制动器制动时的功能基本要求如下：

（1）当电梯动力电源失电或控制电路电源失电时，制动器能立即进行制动。

（2）当轿厢载有 125 % 的额定载荷并以额定速度运行时，制动器应能使曳引机停止运转。

（3）电梯正常运行时，制动器应在持续通电情况下保持松开状态；断开制动器释放电路后，电梯应无附加延迟地被有效制动。

（4）切断制动器的电流，至少应用两个独立的电气装置来实现。

（5）装有手动盘车手轮的电梯曳引机，应能用手松开制动器并需要一持续力去保持其松开状态。

（6）为了减小制动器抱闸、松闸时产生的噪声，制动器线圈内两块铁心之间的间隙不宜过大。闸瓦与制动轮之间的间隙也是越小越好，一般以松闸后闸瓦不碰擦运转着的制动轮为宜。

7. 曳引机的分类

1）按减速方式分类

（1）有齿轮曳引机：是拖动装置的动力通过中间减速器传递到曳引轮上的曳引机，其中的减速箱通常采用蜗轮蜗杆传动（也有用斜齿轮传动），这种曳引机用的电动机有交流的，也有直流的，一般用于低速电梯上。有齿轮曳引机的曳引比通常为 35∶2，一般用于 2.5 m/s 以下的低中速电梯。

（2）无齿轮曳引机：是拖动装置的动力不经过中间的减速器，而是直接传递到曳引轮上的曳引机。以前这种曳引机大多以直流电动机为动力，现在国内已经研发出来有自主知识产权的交流永磁同步无齿轮曳引机，如许昌博玛曳引机。无齿轮曳引机的曳引比一般是 2：1 或 1：1，载重量为 320～2 000 kg，一般用于 2.5 m/s 以上的高速电梯和超高速电梯。

（3）柔性传动机构曳引机：本书不做详细介绍。

2）按驱动电动机分类

（1）直流曳引机：又可分为直流有齿曳引机和直流无齿曳引机。

（2）交流曳引机：又可分为交流有齿曳引机、交流无齿曳引机和永磁曳引机。

其中交流曳引机还可细分为蜗杆副曳引机、圆柱齿轮副曳引机、行星齿轮副曳引机和其他齿轮副曳引机。

2.1.2　曳引钢丝绳

曳引钢丝绳又称曳引绳，电梯钢丝绳用来连接轿厢和对重装置，并靠曳引机驱动使轿厢升降。它承载着轿厢、对重装置、载重量等重量的总和。电梯曳引钢丝绳在机房穿绕曳引轮、导向轮，一端连接轿厢，另一端连接对重装置。

1. 曳引钢丝绳的组成及分类

曳引钢丝绳一般为圆形股状结构，结构如图 2-9（a）所示，主要由钢丝、绳股和绳芯组成。钢丝绳股由若干根钢丝捻成，钢丝是钢丝绳的基本强度单元；绳股是由钢丝捻成的每股绳直径相同的钢丝绳，股数越多，疲劳强度越高；绳芯是被绳股缠绕的挠性芯棒，通常由纤维剑麻或聚烯烃类（聚丙烯或聚乙烯）的合成纤维制成，能起到支承和固定绳的作用，且能贮存润滑剂。钢丝绳中钢丝的材料由含碳量为 0.4 %～1 % 的优质钢制成，为了防止脆性，材料中的硫、磷等杂质的含量不应大于 0.035 %。

目前，我国国家标准推荐的电梯曳引钢丝绳有 6×19S＋NF 和 8×19S＋NF 两种规格。6×19S＋NF 和 8×19S＋NF 两种规格的电梯曳引钢丝绳如图 2-9（b）和图 2-9（c）所示。

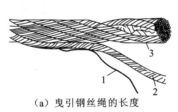

（a）曳引钢丝绳的长度　　（b）6×19S+NF钢丝绳　　（c）8×19S+NF钢丝绳

图 2-9　电梯曳引钢丝绳

1—钢丝；2—绳股；3—绳芯

2. 曳引钢丝绳的数量及直径要求

从安全角度考虑，电梯钢丝绳有一定的根数要求，通常乘客、载货和医用等有乘客需求的电梯钢丝绳根数应不少于 4 根，杂物梯应不少于 2 根。

为了提高电梯钢丝绳的强度，延长使用寿命，通常按 $D/d \geqslant 40$ 选取电梯钢丝绳的直径，其中 d 为钢丝绳直径，要求不小于 8 mm，D 为曳引轮直径。

2.1.3　绳头组合

钢丝绳的两端与电梯有关的部件连接时根据电梯曳引比的不同连接方式有所改变，如用 1：1 绕法，绳的一端与轿厢上的绳头板连接，另一端要与对重装置上的绳头板连接；如采用 2：1 绕法，钢丝绳的两端都必须引到机房，与机房上的固定支架的绳头板连接固定。

固定钢丝绳端部的装置称为绳头组合，其方法各种各样，最安全、牢靠的方法是用合金固定方法——巴氏合金填充的锥形套筒法，如图 2-10 所示。这种固定法能够使钢丝绳保持 100 ％的断裂力。

巴氏合金是一种低熔点合金，主要成分是锡、铅、锑等。对于浇注巴氏合金固定曳引绳头，各电梯厂都制定有专门的操作规程，必须严格按规程操作，以免降低曳引绳端接部位的机械强度。

绳头板是曳引绳锥套连接轿厢、对重装置或曳引机承重梁、绳头板大梁的过渡机件。绳头板用厚度为 20 mm 以上的钢板制成，板上有固定曳引绳锥套的孔，每台电梯的绳头板上钻孔的数量与曳引钢丝绳的根数相等，孔按一定的形式排列。每台电梯需要两块绳头板，曳引方式为 1∶1 的电梯的绳头板分别焊接在轿架和对重架上，曳引方式为 2∶1 的电梯的绳头板分别用螺栓固定在曳引机承重梁和绳头板大梁上。

曳引绳头组合装置如图 2-11 所示。绳头组合中的锥形套筒由铸钢制成，小端连接曳引绳头（有几条曳引绳就得用几个绳头组合），套内浇注了巴氏合金，将绳头铸在锥套中，拉杆插入轿厢或对重架上梁的绳头板孔中，并套入弹簧，加设垫圈，用双螺母固定，并加上开口销，以防脱落。

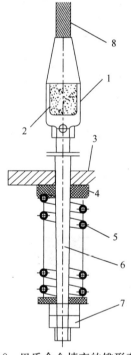

图 2-10　巴氏合金填充的锥形套筒法
1—锥套；2—曳引绳头与巴氏合金熔接；
3—绳头板；4—弹簧垫圈；5—弹簧
6—拉杆；7—螺母；8—钢丝绳

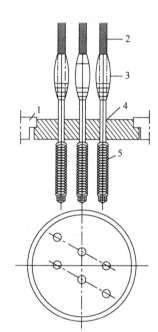

图 2-11　曳引绳头组合装置
1—轿厢上梁；2—曳引绳，3—锥套；
4—绳头板；5—绳头弹簧

技术与应用——永磁同步变频技术在电梯驱动系统中的应用

现代生活、生产和建筑的蓬勃发展，大大推进了电梯驱动技术的发展，从而对电梯驱动系统提出了越来越高的要求。

电梯驱动系统对电梯的启动、加速、稳速运行和制动减速起着决定性的作用。驱动系统的性能直接影响电梯的启动、制动、加减速度、平层精度和乘坐的舒适性等指标。传统的电梯驱动普遍采用异步电动机和减速齿轮箱相结合的曳引机，配以 VVVF（变压变频）调速控制系统。这种系统虽然调速性能较优，但是整个曳引机的体积庞大。减速齿轮箱的应用不但降低了驱动系统的效率，日常维护更换的润滑油也对环境产生了一定的污染。

近年来，永磁同步电动机以其体积小、转矩输出响应快等优点开始应用于电梯驱动系统。永磁同步曳引机因省去了齿轮减速箱，在曳引效率得以提高的同时其能耗也相应降低；采用此系统的电梯产品更因不需加油润滑、绿色环保等亮点被广大有远见的用户所青睐。

当永磁同步电动机的定子通入三相交流电时，三相电流在定子绕组的电阻上产生电压降。由三相交流电产生的旋转电枢磁动势及建立的电枢磁场，一方面切割定子绕组，并在定子绕组中产生感应电动势；另一方面以电磁力拖动转子以同步转速旋转。电枢电流还会产生仅与定子绕组相交链的定子绕组漏磁通，并在定子绕组中产生感应漏电动势。此外，转子永磁体产生的磁场也以同步转速切割定子绕组，从而产生空载电动势。由于其变压变频控制方式简单，现今广泛用于一般的调速系统中。

技能与实训——曳引电梯钢丝绳的安装与调整

一、技能目标

掌握额定载重量 5 000 kg 及以下，额定速度 3.5 m/s 及以下的各类电力驱动曳引电梯的钢丝绳安装方法。

二、实训材料

锤子、钢凿、断线钳、砂轮切割机、锡锅、喷灯、盒尺、活扳手、大绳等。

三、操作步骤

1.确定钢丝绳长度

将轿厢置于顶层位置，对重架置于底层缓冲器空格距离以上，采用无弹性收缩的铅丝或铜制电线由轿厢上梁穿至机房内，绕过曳引轮和导向轮至对重装置上部的钢丝绳锥套组合处做实际测量，测量时应考虑钢丝绳在锥套内的长度及加工制作绳头所需的长度，并加上安装轿厢时垫起的超过顶层平层位置的距离。

2.放、断钢丝绳

在宽敞清洁的场地放开钢丝绳束盘，检查钢丝绳有无锈蚀、打结、断丝、松股现象。按照已测量好的钢丝绳长度，在距断绳两端 5 mm 处用铅丝进行绑扎，绑扎长度最少 20 mm。然后用钢锯、切割机、压力钳等工具截断钢丝绳，不得使用电、气焊截断，以免破坏钢丝绳机械强度。

3.挂钢丝绳、做绳头

（1）制作绳头前，应将钢丝绳擦拭干净，并悬挂于井道内消除内应力，对高速电梯钢丝绳可不消除内应力，以保持钢丝绳标线的完整。计算好钢丝绳在锥套内的回弯长度，用铅丝绑扎牢固，将钢丝绳穿入锥套，将绳头截断处的绑扎铅丝拆去，松开绳股，除去麻芯，用汽油将绳股清洗干净，按要求尺寸弯成麻花状回弯，用力拉入锥套，钢丝不得露出锥套。用黑胶布或牛皮纸围扎成上浇口，下面用棉丝系紧扎牢。灌注巴氏合金前，应先将绳头锥套油污杂质清除干净，并加热锥套至一定温度。巴氏合金在锡锅内加热熔化后，用牛皮纸条测试温度，以立即焦黑但不燃烧为宜。向锥套内浇注巴氏合金时，应一次完成，并轻击锥套使内部灌实，未完全冷却前不可晃动。

（2）自锁紧楔形绳套因不用巴氏合金而无须加热，更加快捷方便。截断钢丝绳时比"充填绳套法"多留出 300 mm 的长度，向下穿出绳头拉直、回弯，留出足以装入楔块的弧度后再从绳头套前端穿出。把楔块放入绳弧处，一只手向下拉紧钢绳，另一只手拉住绳端用力上提，使钢丝绳和楔块卡在绳套内。

（3）当轿厢和对重全部负载加上后，再上紧绳固定卡，数量不少于 3 个，间隔为钢丝绳直径的 5 倍。

4. 安装、调整钢丝绳

将钢丝绳从轿厢顶部通过机房楼板绕过曳引轮、导向轮至对重上端，两端连接牢靠。挂绳时注意多根钢丝绳间不要缠绕错位，绳头组合处穿二次保护绳。调整绳头弹簧高度，使其高度保持一致。轿厢在井道 2/3 处，人站在轿厢顶用拉力计将对重侧钢丝绳逐根拉出同等距离，其相互的张力差不大于 5%。钢丝绳张力调整后，绳头用双螺母拧紧，穿好开口销，并保证绳头杆螺纹留有必要的调整量。

四、综合评价

曳引电梯钢丝绳的安装综合评价表如表 2-1 所示。

表 2-1 曳引电梯钢丝绳的安装综合评价表

序号	主 要 内 容		评 分 标 准	配 分	扣 分	得 分
1	准备工作		钢丝绳有死弯，扣 5 分	20		
			钢丝绳有松股，扣 5 分			
			钢丝绳有断丝，扣 5 分			
			钢丝绳有锈蚀，扣 5 分			
2	钢丝绳断处齐整度检测		钢丝绳断处不齐整，扣 5 分	5		
3	钢丝绳长度检测		测量钢丝绳长度过长，扣 5 分	25		
			测量钢丝绳长度过短，扣 20 分			
4	绳头组合检测		未安装绳头组合防螺母松动和脱落的装置，扣 20 分	40		
			巴氏合金浇灌不密实、饱满，扣 10 分			
			巴氏合金浇灌不平整一致，扣 10 分			
5	职业规范团队合作	安全文明生产	违反安全文明操作规程，扣 3 分	10		
		组织协调与合作	团队合作较差，小组不能配合完成任务，扣 3 分			
		交流与表达能力	不能用专业语言正确、流利地简述任务成果，扣 4 分			
	合 计			100		

2.2 轿 厢

➤ 本节介绍轿厢的组成及各部分的构成。
➤ 本节介绍轿厢超载保护装置种类。
➤ 本节介绍轿厢的安装方法。

什么是电梯？根据早期国家标准 GB/T7024-1997《电梯、自动扶梯、自动人行道术语》，电梯的定义为：服务于规定楼层的固定式升降设备。它具有一个轿厢，运行在至少两列垂直的或倾斜角小于 15°的刚性导轨之间。轿厢尺寸与结构形式便于乘客出入或装卸货物。显然，早期定义的电梯是一种间歇动作的、沿垂直方向运行的、由电力驱动的、完成方便载人或运送货物任务的升降设备，在建筑设备中属于起重机械。而在机场、车站、大型商厦等公共场所普遍使用的自动扶梯和自动人行道，按早期专业定义则属于一种在倾斜或水平方向上完成连续运输任务的输送机械，它只是电梯家族中的一个分支。

为了与国际接轨，最新国家标准规定，电梯是指动力驱动，利用沿刚性导轨运行的箱体或者沿固定线路运行的梯级（踏步），进行升降或者平行送人、货物的机电设备，包括载人（货）电梯、自动扶梯、自动人行道等。

轿厢结构示意图，如图 2-12 所示。

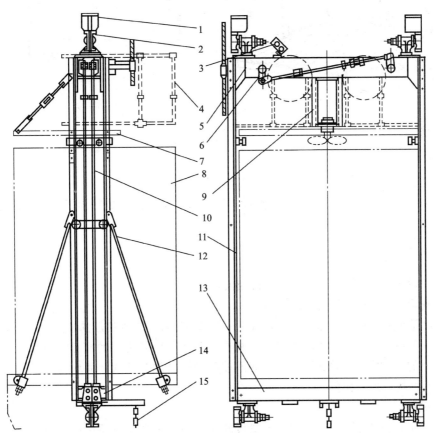

图 2-12　轿厢结构示意图

1—导轨加油盒；2—导靴；3—轿顶检修窗；4—轿顶安全护栏；
5—轿架上梁；6—安全钳传动机构；7—开关门机架；8—轿厢；
9—风扇架；10—安全钳拉杆；11—轿架立梁；12—轿厢拉条；
13—轿架下梁；14—安全钳体；15—补偿装置

2.2.1 轿厢架

轿厢架是固定和悬吊轿厢的框架,是轿厢的主要承载构件,由上梁、立梁、下梁和拉条等部分组成,轿厢架有对边形轿厢架〔见图 2-13(a)〕和对角形轿厢架〔见图 2-13(b)〕两种。

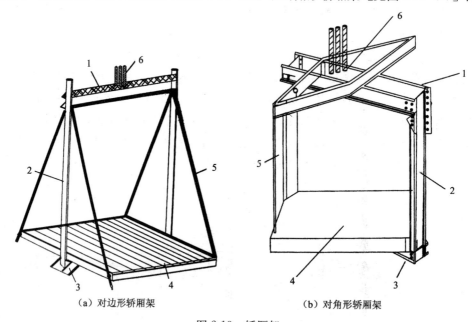

（a）对边形轿厢架　　　　　　（b）对角形轿厢架

图 2-13　轿厢架

1—上梁；2—立柱；3—底梁；4—轿厢底；5—拉条；6—绳头组合

轿厢架的上梁和下梁各用两根 16～30 号槽钢制成,也有用 3～8 mm 厚的钢板压制而成的。立梁用槽钢、角钢或 3～6 mm 的钢板压制而成。拉条的设置是为了增强轿厢架的刚度,防止轿厢底负载偏心后地板倾斜。

2.2.2 轿厢体

电梯的轿厢体由轿厢底、轿厢壁和轿厢顶等组成。

1. 轿厢底

轿厢底是轿厢支撑负载的组件。它由 6～10 号槽钢或角钢焊接成的框架和底板等组成。客梯的底板常采用薄钢板,面层再铺设塑胶板或地毯等。而货梯上的底板,由于承重较大,常用 4～5 mm 的花纹钢板直接铺成。轿厢底的前沿设有轿厢门地坎,地坎处装有一块垂直向下延伸的光滑挡板,即护脚板。

2. 轿厢壁

轿厢壁常用金属薄钢板压制成形,壁板的长度与电梯类别及轿厢壁的结构形式有关,宽度一般不大于 100 mm。

轿厢壁应有一定的强度,根据国家标准规定,即当一个 300 N 的力从轿厢内向外垂直作用于轿厢壁的任何位置,并均匀分布于面积为 5 cm^2 的圆形或方形面积上时,轿厢壁应无永久变形或弹性变形不超过 15 mm。为此,在轿厢壁板的背面,有薄板压成槽钢状的加强筋,以提高它的机械强度。

客梯轿厢的轿厢壁上常装有扶手；高级客梯在轿厢壁上还装有整容镜。在医用电梯轿厢门对面的轿厢壁上，常装有一面大镜子，以供残疾人的轮椅方便进出。

3. 轿厢顶

轿厢顶用薄钢板制成。轿厢顶除安装有开关门机构、门电机控制箱、电风扇、检修用操纵箱及照明设备外，还设有安全窗，以便在发生故障时，检修人员能上到轿厢顶检修井道内的设备或乘梯人员通过安全窗撤离轿厢。因此轿厢顶应能支撑两个人的重量，即在轿厢顶的任何位置上，至少能承受 2 000 N 的垂直力而无永久变形。在轿厢顶上应有一块至少为0.12 m² 的站人用的净面积，其短边至少为 0.25 m。轿厢顶应设防护栏，以确保电梯维修人员的安全。

2.2.3　轿厢超载保护装置

电梯超载运行很可能会造成重大的安全事故。为防止电梯超载运行，多数电梯在轿厢上设置了超载保护装置。超载保护装置是当轿厢承受重量超过额定载荷时，能发出声光报警信号，且会使轿厢不能关门、不能运行的安全保护装置。根据超载保护装置安装的位置不同，有轿厢底称量式（超载保护装置安装在轿厢底部）、轿厢顶称量式（超载保护装置安装在轿厢上梁）及机房称量式等。

1）轿厢底称量式超载保护装置

如果轿厢的轿厢底是活动的，称这种轿厢为活动式轿厢。活动式轿厢超载保护装置最简单的形式是采用橡胶块作为称量元件。橡胶块式活动轿厢超载保护装置如图 2-14 所示。

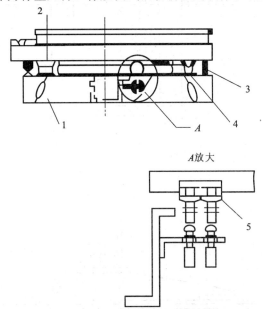

图 2-14　橡胶块式活动轿厢超载保护装置
1—轿厢底框；2—轿厢底；3—限位螺钉；4—橡胶块；5—微动开关

把几个橡胶块均匀布在轿厢底框上，整个轿厢支承在橡胶块上，橡胶块的压缩量能直接反映轿厢当前的重量。在轿厢底框中间装有两个微动开关，一个在承受 80% 负重时起作用，切断电梯外呼载停电路，另一个在承受 110% 负重时起作用，切断电梯控制电路。微动开关的螺钉直接装在轿厢底上，只要调节螺钉的高度，就可调节对超载量的控制范围。

这种结构的超载保护装置有结构简单、动作灵敏等优点，橡胶块既是称量元件，又是减振元件，大大简化了轿厢底结构，调节和维护都比较容易。

2）轿厢顶称量式超载保护装置

图2-15所示是目前用得较多的应变式负重传感器轿厢顶称量式超载保护装置。这种装置的优点是能输出载荷变化的连续信号，并由此可以判断电梯当前的承载情况，在电梯群控调度时，这种信号的获得是非常重要的。

3）机房称量式超载保护装置

当轿厢底和轿厢顶都不能安装超载保护装置时，可将其移至机房之中。此时电梯的曳引绳绕法应为2：1。图2-16是这种装置机械式结构示意图。机械式是以压缩弹簧组作为称量元件，秤杆的头部绞支在承重梁上，尾部与弹簧组连接，摆杆尾部与承重梁铰接。当轿厢负重变化时，秤杆就会上下摆动，牵动摆杆也会上下摆动，当轿厢负重达到超载控制范围时，摆杆的上摆量使其尾部碰压微动开关，由此切断电梯的控制回路。由于安装在机房之中，它具有可调节、便于维护的优点。

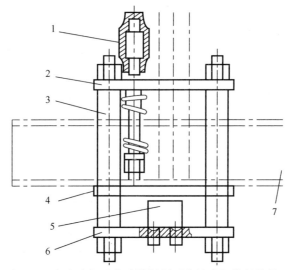

图2-15 应变式负重传感器轿厢顶称量式超载保护装置

1—绳头锥套；2—绳吊板；3—拉杆螺栓；4—托板；

5—传感器；6—底板；7—轿厢上梁

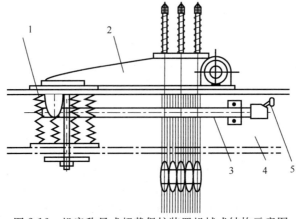

图2-16 机房称量式超载保护装置机械式结构示意图

1—压簧；2—称杆；3—摆杆；4—承重梁；5—微动开关

技术与应用——电梯轿厢的清洁、保洁程序及方法

电梯轿厢的清洁和保洁工作主要包括电梯轿厢内壁、轿厢地面的清洁等。一般每日清洁一次，并进行每日的巡回保洁，每日巡回保洁次数可根据人流量的大小和具体标准要求而定。

1. 清洁程序

在电梯轿厢的清洁过程中，一般应从上到下、从里到外依次进行。

2. 方法

电梯轿厢的清洁工作应安排在晚间或人流量较少的时间内进行，一般应在相连的楼层清洁前进行，操作方法如下：

1）准备工作

（1）准备好所需的工具和用具，如抹布、干毛巾、水桶、清洁剂、扫把、拖把、吸尘器和按要求需要更换的地毯等。

（2）通知电梯工停止电梯运行，切断电源。

2）清洁轿厢内壁

（1）将抹布浸入配制好清洁剂的水桶中，拿起后拧干，沿着轿厢内壁从上往下用力抹擦。

（2）若壁上沾有较顽固的污垢或污迹，可用铲轻刮或直接喷上清洁剂后用抹布用力来回抹擦。

（3）用另一块抹布浸透清水后，拧干抹擦。将抹布过清水后用力拧干，再彻底抹擦一遍。

（4）用半干湿毛巾抹净电梯按钮及显示屏。

（5）轿厢天花板可每周清洁一次，除照明灯饰镜面和摄像探头要用半干湿毛巾轻轻抹擦外，其他部位的清洁方法与轿厢内壁清洁方法相同。

3）清洁轿厢地面

（1）若轿厢地面铺有每天更换的地毯，则只需将旧地毯掀起，用半干湿拖把将轿厢地面拖净，待湿气挥发后再铺上干净的地毯。

（2）若轿厢地面为固定地毯，则可用吸尘器吸干净地面的沙粒、杂物，每周一次用洗地机（地毯机）配合清洁剂清洁一遍。

（3）若轿厢地面为木质或合成塑料，则可先用湿地拖配合清洁剂拖抹，再用清水拖抹，最后用干地拖将水迹抹干。

3. 巡回保洁方法

在电梯正常运转的情况下，用夹子夹起电梯间地面上的垃圾或杂物，用干毛巾抹擦按钮、显示屏及脏污印迹。

技能与实训——轿厢的安装及调整方法

一、技能目标

掌握额定载重量 5 000 kg 及以下，额定速度 3 m/s 及以下各类国产曳引驱动电梯轿厢的安装方法。

二、实训材料

电锤、倒链（3 t 以上）、钢丝绳扣、活扳手、锤子、手电钻、水平尺、线坠、钢直尺、盒尺、圆锉等。

三、操作步骤

1. 准备工作

（1）在顶层厅门口对面的混凝土井壁相应位置上安装 2 个角钢托架（用 100 mm×100 mm 角钢），每个托架用 3 条 ϕ16 mm 膨胀螺栓固定。

在厅门口牛腿处横放 1 根木方。在角钢托架和横梁上架设 2 根 200 mm×200 mm 木方（或 2 根 20♯工字钢），然后把木方端部固定。

大型客梯及货梯应根据梯井尺寸来确定方木及型钢的尺寸、型号。

（2）若井壁为砖结构，则在厅门口对面的井壁相应的位置上剔 2 个与木方大小相适应的孔，用以支撑木方一端。

（3）在机房承重钢梁上相应位置（若承重钢梁在楼板下，则在轿厢绳孔旁）横向固定 1 根直径≥ϕ50 mm 的圆钢或规格为 ϕ75 mm×4 的钢管，由轿厢中心绳孔处放下钢丝绳扣（≥ϕ13 mm），并挂 1 个 3 t 的倒链，以备安装轿厢使用。

2. 安装底梁

（1）将底梁放在架设好的木方或工字钢上。调整安全钳钳口（老虎嘴）与导轨面间隙，同时调整底梁的水平度，使其横、纵向不水平度均≤1/1 000。

（2）安装安全钳楔块，楔齿距导轨侧工作面的距离调整到 3～4 mm（安装说明书有规定者按规定执行），且 4 个楔块距导轨侧工作面间隙应一致，然后用厚垫片塞于导轨侧面与楔块之间，使其固定，同时把老虎嘴和导轨端面用木楔塞紧。

3. 安装立柱

将立柱与底梁连接，连接后应使立柱垂直，其垂直度偏差在整个高度上≤1.5 mm，不得有扭曲，若达不到要求则用垫片进行调整。

4. 安装上梁

（1）用倒链将上梁吊起与立柱相连接，装上所有的连接螺栓。

（2）调整上梁的横、纵向水平度，使不水平度≤1/2 000，然后分别紧固连接螺栓。

（3）上梁带有绳轮时，要调整绳轮与上梁间隙（a、b、c、d）相等，其相互尺寸相差≤1 mm，绳轮自身垂直偏差≤0.5 mm。

5. 装轿厢底盘

（1）用倒链将轿厢底盘吊起，然后放于相应位置。用螺钉将轿厢底盘与立柱、底梁连接（但不要把螺钉拧紧）。装上斜拉杆，并进行调整，使轿厢顶盘不水平度≤2/1 000，然后将斜拉杆用双螺母拧紧，把各连接螺钉紧固。

（2）若轿厢底为活动结构时，先按上述要求将轿厢底盘托架安装调好，且将减振器安装在轿厢底盘托架上。

（3）用倒链将轿厢底盘吊起，缓缓就位，使减振器上的螺钉逐个插入轿厢底盘相应的螺钉孔中，然后调整轿厢底盘的水平度，使其不水平度≤2/1 000。若达不到要求，则在减振器处加垫片进行调整。

调整轿厢底定位螺钉，使其在电梯满载时与轿厢底保持 1～2 mm 的间隙。调整完毕，将各连接螺钉拧紧。

（4）安装、调整安全钳拉杆，达到要求后，拉条顶部要用双螺母拧紧。

6. 安装导靴

（1）要求上、下导靴中心与安全钳中心 3 点在同一条垂线上，不能有歪斜、偏扭现象。

（2）固定式导靴要调整其间隙一致，内衬与导轨端面间隙两侧之和为 2.5 mm。

（3）弹簧式导靴应随电梯的额定载重量不同而调整 b 尺寸，使内部弹簧受力相同，保持轿厢平衡，调整 $a=c=2$ mm。b 尺寸的调整如表 2-2 所示。

表 2-2　b 尺寸的调整

电梯额定载重量 /kg	b/mm	电梯额定载重量/kg	b/mm
500	42	1 500	25
750	34	2 000～3 000	25
1 000	30	5 000	20

（4）滚轮导靴安装平正，两侧滚轮对导轨压紧后，两轮压簧力量应相同，压缩尺寸按制造厂规定调整。若厂家无明确规定，则根据使用情况调整，使弹簧压力适中。要求正面滚轮与导轨端面压紧，轮中心对准导轨中心。

7. 安装围扇

（1）围扇底座和轿厢底盘的连接及围扇与底座之间的连接要紧密。各连接螺钉要加相应的弹簧垫圈（以防因电梯的振动而使连接螺钉松动）。

若因轿厢底盘局部不平而使围扇底座下有缝隙，要在缝隙处加调整垫片垫实。

（2）若围扇直接安装在轿厢底盘上，其间若有缝隙，处理方法同上。

（3）安装围扇，可逐扇安装，也可根据情况将几扇先拼在一起再安装。围扇安装后再安装轿厢顶。但要注意轿厢顶和围扇穿好连接螺钉后不要紧固，要在调整围扇垂直度偏差不大于 1/1 000 的情况下逐个将螺钉紧固。

安装完后要求接缝紧密，间隙一致，夹条整齐，扇面平整一致，各部位螺钉必须开全，紧固牢靠。

8. 安装轿厢顶装置

（1）轿厢顶接线盒、线槽、电线管、安全保护开关等要按厂家安装图安装。若厂家无明确安装图，则根据便于安装和维修的原则进行布置。

（2）安装、调整开关门机构和传动机构，使其符合厂家的有关设计要求。若厂家无明确规定，则按其传动灵活、功能可靠的原则进行调整。

（3）护身栏各连接螺钉要加弹簧垫圈紧固，以防松动。护身栏的高度不得超过上梁高度。

（4）平层感应器和开门感应器要根据感应铁的位置定位调整。要求横平竖直，各侧面应在同一垂直平面上，其垂直度偏差≤1 mm。

9. 安装限位开关碰铁

（1）安装前对碰铁进行检查，若有扭曲、弯曲现象要调整。

（2）碰铁安装要牢固，要采用加弹簧垫圈的螺钉固定。

要求碰铁垂直，偏差不应大于 1/1 000，最大偏差不大于 3 mm（碰铁的斜面除外）。

10．安装、调整超载满载开关

（1）对超、满载开关进行检查，其动作应灵活，功能可靠，安装要牢固。

（2）调整满载开关，应在轿厢额定载重量时可靠动作。调整超载开关，应在轿厢的额定载重量×110％时可靠动作。

四、综合评价

轿厢的安装及调整综合评价表如表 2-3 所示。

表 2-3　轿厢的安装及调整综合评价表

序　号	主　要　内　容		评　分　标　准	配　分	扣　分	得　分
1	准备工作		准备工作不充分，每处扣 2 分	11		
			方木及型钢尺寸、型号选择不合适，扣 5 分			
2	安装底梁		底梁的横、纵向不水平度>1/1 000，扣 5 分	10		
			安全钳楔块位置不合适，扣 5 分			
3	安装立柱		立柱垂直度偏差在整个高度上>1.5 mm，扣 5 分	5		
4	安装上梁		上梁的横、纵向水平度不水平度>1/2 000，扣 5 分	5		
5	装轿厢底盘		底盘座与下梁之间的各连接处接触不严密，扣 5 分	5		
6	安装导靴		上、下导靴中心与安全钳中心 3 点不在同一条垂线上，扣 5 分	5		
7	安装围扇		围扇与底座下有缝隙，扣 5 分	5		
8	安装轿厢顶装置		各部件安装不符合规定，每处扣 3 分	9		
9	安装限位开关碰铁		碰铁垂直偏差大于 1/1 000，扣 5 分	5		
10	安装、调整超载满载开关		在轿厢的额定载重量×110％时不能可靠动作，扣 10 分	10		
11	部件安装牢固		部件安装不牢固，每处扣 2 分	20		
12	职业规范团队合作	安全文明生产	违反安全文明操作规程，扣 3 分	10		
		组织协调与合作	团队合作较差，小组不能配合完成任务，扣 3 分			
		交流与表达能力	不能用专业语言正确、流利地简述任务成果，扣 4 分			
合　　计				100		

2.3　平　衡　装　置

➢ 本节介绍对重装置的组成和电梯补偿装置。

> 本节介绍对重装置的计算方法。
> 本节介绍对重装置的安装方法。

观察与思考

　　什么是电梯的平衡装置？电梯的平衡装置是电梯在运行过程中平衡轿厢重量的装置。电梯平衡装置由哪几部分组成？电梯平衡装置由对重装置和补偿装置构成。

2.3.1　对重装置

　　对重装置安装在电梯井道内，在电梯运行中起到平衡轿厢及电梯负载重量，并减少电动机功率损耗的作用，是曳引电梯不可缺少的部分。当对重与电梯负载十分匹配时，还可以减小钢丝绳与绳轮之间的曳引力，延长钢丝绳的使用寿命。

1．组成

　　对重装置一般由对重架、对重块、导靴、缓冲器碰块、压块及与轿厢相连的曳引绳和对重轮（指绕比为 2∶1 的电梯）等组成。对重装置示意图如图 2-17 所示。对重架用槽钢或钢板焊围而成，对重架外形如图 2-18 所示。对重块由铸铁做成。

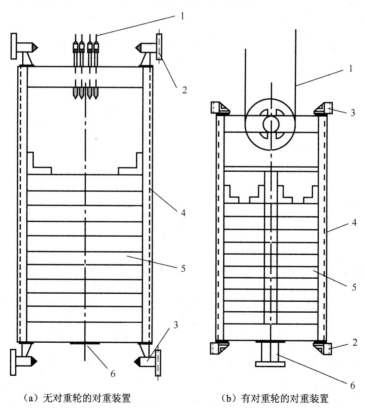

（a）无对重轮的对重装置　　　（b）有对重轮的对重装置

图 2-17　对重装置示意图

1—曳引绳；2、3—导靴；4—对重架；5—对重块；6—缓冲器碰块

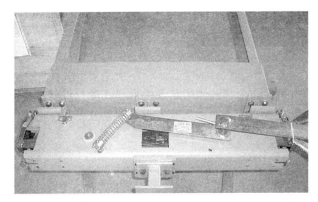

图 2-18　对重架外形

2. 注意问题

（1）对重块放入对重架后应该用压板压紧。

（2）对重块由铸铁制作或钢筋混凝土填充。为了使对重块易于装卸，每个对重块不宜超过 60 kg。

2.3.2　补偿装置

当电梯曳引高度超过 30 m 时，曳引钢丝绳的差重会影响电梯运行的稳定性及平衡状态，所以需要增设补偿装置。补偿装置有补偿链、补偿绳及补偿缆。

1. 补偿链

传统的补偿链由铁链和麻绳组成，麻绳穿在链环中，用以减少运行时铁链相互碰撞引起的噪声。补偿链的一端悬挂在轿厢的底部，另一端挂在对重装置的底部。这种补偿法的优点是结构简单，不需要增加对重重量，也不需要增加井道空间，是使用比较广泛的一种补偿方法，但不适用于高速梯，一般用于速度小于 1.75 m/s 的电梯。

2. 补偿绳

补偿绳以钢丝绳为主体，通过钢丝绳卡钳、挂绳架（及张紧轮）悬挂在轿厢或对重装置底部。这种结构具有运行时稳定的优点，常用于速度大于 1.75 m/s 的电梯。因钢丝绳的连接形式不同，补偿绳分为单侧补偿、双侧补偿和对称补偿。各类补偿绳示意图如图 2-19 所示。

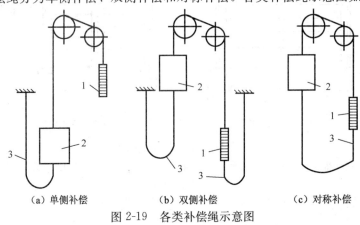

（a）单侧补偿　　　　　（b）双侧补偿　　　　　（c）对称补偿

图 2-19　各类补偿绳示意图

1—对重装置；2—轿厢；3—补偿装置

3. 补偿缆

补偿缆是近几年发展起来的新型、高密度的补偿装置。补偿缆的中间是低碳钢制成的环链，外面是用具有防火、防氧化的聚乙烯制成的护套，如包塑型、橡塑型、全塑型和浸塑型等，中间的填塞物为金属颗粒及聚乙烯与氧化物的混合物。这种补偿缆的质量密度高，最重的可达 6 kg/m，最大悬挂长度可达 200 m，运行噪声小，能大幅度提高升降速度，加大承载负荷，有效地减少电梯的横向摆动，使电梯运行的安全性、平衡性得以提高，可适用于各类中、高速电梯。

技术与应用——对重计算方法

对重的质量值必须严格按照电梯额定载重量的要求配置，其重量可由式（2-3）来计算：

$$P = G + KQ \qquad (2\text{-}3)$$

式中　P——对重的总质量，kg；

　　　G——轿厢质量，kg；

　　　K——平衡系数，一般为 0.45～0.55；

　　　Q——电梯的额定载重，kg。

一般客梯平衡系数常取 0.5 以下，而货梯常取 0.5 以上。

例 2-3：有一部客梯的额定载重量为 1 000 kg，轿厢质量为 1 000 kg，若平衡系数取 0.45，求对重装置的总质量。

解：已知 G=1 000 kg，Q=1 000 kg，K=0.45，代入式（2-3）得

$$P = G + KQ = (1\,000 + 0.45 \times 1\,000)\ \text{kg} = 1\,450\ \text{kg}。$$

技能与实训——对重装置的安装与调整方法

一、技能目标

掌握额定载重量 5 000 kg 及以下，额定速度 3 m/s 及以下各类国产曳引驱动电梯的对重安装方法。

二、实训材料

倒链、钢丝绳扣、木方等。

三、操作步骤

1. 吊装前的准备工作

（1）在脚手架上相应位置（以方便吊装对重框架和装入坨块为准）搭设操作平台。

（2）在适当高度（以方便吊装对重为准）的两个相对的对重导轨支架上拴上钢丝绳扣，在钢丝绳扣中央悬挂一倒链。钢丝绳扣应拴在导轨支架上，不可直接拴在导轨上，以免导轨受力后移位或变形。

（3）在对重缓冲器两侧各支一根 100 mm×100 mm 木方。

（4）若导靴为弹簧式或固定式，要将同一侧的两导靴拆下。若导靴为滚轮式，要将 4 个导靴都拆下。

2. 对重框架吊装就位

（1）将对重框架运到操作平台上，用钢丝绳扣将对重绳头板和倒链钩连在一起。

（2）操作倒链，缓缓将对重框架吊起到预定高度，对于一侧装有弹簧式或固定式导靴的对重框架，移动对重框架，使其导靴与该侧导轨吻合并保持接触，然后轻轻放松倒链，使对重架平稳、牢固地安放在事先支好的木方上，未装导靴的对重框架固定在木方上时，应使框架两侧面与导轨端面距离相等。

3. 对重导靴的安装、调整

（1）固定式导靴安装时要保证内衬与导轨端面间隙上、下一致，若达不到要求，要用垫片进行调整。

（2）在安装弹簧式导靴前，应将导靴调整螺母紧到最大限度，使导靴和导靴架之间没有间隙，这样便于安装。

（3）若导靴滑块内衬上、下与轨道端面间隙不一致，则在导靴座和对重框架间用垫片进行调整，调整方法同固定式导靴。

（4）滚轮式导靴安装要平整，两侧滚轮对导轨压紧后两滚轮的压簧量应相等，压缩尺寸应按制造厂规定。如制造厂无规定，则根据使用情况调整压力适中，正面滚轮应与道面压紧，轮中心对准导轨中心。

4. 对重块的安装及固定

（1）装入相应数量的对重块。

（2）按厂家设计要求装上对重块防震装置。

四、综合评价

对重的安装与调整综合评价表如表 2-4 所示。

表 2-4　对重的安装与调整综合评价表

序号	主要内容	评分标准	配分	扣分	得分
1	准备工作	搭设操作平台不合理，扣 10 分	15		
		木方高度不标准，扣 5 分			
2	对重框架吊装就位	对重框架吊装位置不合适，扣 10 分	10		
3	对重导靴的安装	固定式导靴安装时内衬与导轨端面间隙上、下不一致，扣 30 分	30		
		安装弹簧式导靴前，没有将导靴调整螺母紧到最大限度，扣 30 分			
		滚轮式导靴安装不平整，扣 30 分			
4	对重块的安装及固定	装入对重块数量不合适，扣 10 分	15		
		没有安装对重块防震装置，扣 5 分			
5	安装要求	导靴安装调整后，各个螺钉一定要紧牢，不牢固，每处扣 5 分	20		
		吊装对重过程中碰基准线，扣 5 分			

序　号	主　要　内　容		评　分　标　准	配　分	扣　分	得　分
6	职业规范 团队合作	安全文明生产	违反安全文明操作规程，扣3分	10		
		组织协调与合作	团队合作较差，小组不能配合完成任务，扣3分			
		交流与表达能力	不能用专业语言正确、流利地简述任务成果，扣4分			
合　　计				100		

2.4　电梯门系统

➢ 本节介绍电梯轿厢门和厅门的结构。
➢ 本节介绍电梯开关门及门安全保护。
➢ 本节介绍厅门的安装方法。

观察与思考

　　什么是电梯门系统？电梯门系统是防止乘客和物品坠入井道或与井道相撞、避免乘客或货物未能完全进入轿厢而被运动的轿厢剪切等危险的发生，是电梯的最重要安全保护措施之一。电梯门系统由哪几部分组成呢？电梯的门系统主要包括轿门（轿厢门）、厅门（层门）、开关门结构、安全装置及附属的零部件。

2.4.1　轿厢门、厅门的分类及结构形式

　　轿厢门设在轿厢靠近厅门的一侧，是轿厢的出入口，供驾驶人员、乘客和货物的进出。在一些简易杂物梯上，轿厢门由人力开、关，所以称为手动门。而大多数电梯由装在轿厢顶部的自动开关门机来开门和关门，这种轿厢门称为自动门。启动开、关门的机构通常是以交流或直流调速电动机为动力，通过曲柄连杆和摇杆滑块机构（对于单侧驱动机构，还需用绳轮联动机构）等，将电动机的旋转运动转换为开、关门的直线运动，带动轿厢门上的拨杆、门刀等动作而完成开、关门。在新型门机装置中，还可采用圆弧同步带或者齿轮、齿条组合，直接驱动门机，使得传动效率更高。

　　厅门设置在每个层站的入口处，又称层门或梯井门。

1. 电梯门的分类

　　电梯门主要有两类：滑动门和旋转门，目前普遍采用的是滑动门。滑动门按开门方向分为左开门、右开门和中开门。

　　（1）左开门：人在厅外面对厅门，门向左方开启。

　　（2）右开门：人在厅外面对厅门，门向右方开启。

　　（3）中开门：两边门扇分别向左右两边开启。

2. 电梯门的结构

　　电梯门的结构如图 2-20 所示。电梯的门由门扇、门滑轮、门地坎、门导轨架等部件组成。

层门和轿厢门都由门滑轮悬挂在门的导轨（或导槽）上，下部通过门滑块与地坎相配合。

（1）门扇。电梯的层门和轿厢门均应是封闭无孔的。特殊情况除外。

不论是轿厢门还是层门，其机械强度均应满足：当门在锁住位置上，用 300 N 的力垂直作用在门扇的任何位置，且均匀分布在 5 cm² 的圆形面上，其弹性变形应不大于 15 mm，当外力消失后，应无永久变形，且启闭正常。

（2）门导轨架与门滑轮。门导轨架安装在轿厢顶部前沿，层门导轨架安装在层门门框上部。门滑轮安装在门扇上部。

（3）门地坎和门靴。门地坎和门靴是门的辅助导向件，与门导轨和门滑轮配合，使门的上、下两端均受导向和限位。门在运动时，门靴顺着地坎槽滑动。有了门靴，门扇在正常外力作用下就不会倒向井道。

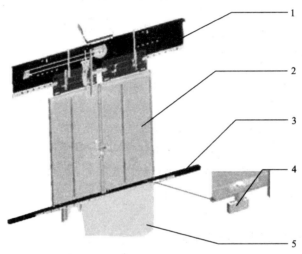

图 2-20　电梯门的结构

1—门滑轮；2—门扇；3—门地坎；4—门滑块；5—护脚板

3. 电梯门附属装置

（1）轿厢门防夹装置。为了防止电梯在关门时将人夹住，在轿厢门上常设有关门防夹装置，正在关闭的门扇受阻时，门能自动重开。常用的门入口关门防夹安全保护装置有安全触板保护装置、光电式保护装置、光幕式保护装置、超声波监控装置和电磁感应式保护装置。

① 安全触板保护装置如图 2-21 所示。它为机械式防夹装置，当电梯在关门过程中，人碰到安全触板时，安全触板向内缩进，带动下部的一个微动开关，安全触板开关动作，控制门向开门方向转动。

② 光电式保护装置安装至少需要两端，一端为发射端，另一端为接收端。当电梯门在关闭时，如果有物体挡住光线，接收端接受不到发射端的光源，立即驱动光电继电器动作，光电继电器控制门向反方向开启。

③ 光幕式保护装置与光电式保护装置的原理相同，不过是有许多发射端和接收端。

④ 超声波监控装置一般安装在门的上方，在关门的过程中，当其检测到门前有乘客欲进入轿厢时，门会重新打开，待乘客进入轿厢后再关闭。超声波监控装置示意图如图 2-22 所示。

⑤ 电磁感应式保护装置是利用电磁感应原理工作的。在门区内组成 3 组电磁场，任一组电磁场的变化，都会作为不平衡状态显示出来。如果 3 组电磁场是相同的，就表明门区内无障碍物，门将正常关闭。如果 3 组磁场不相同，则表明门区内有障碍物，这时，探测器就会断开关门电路。

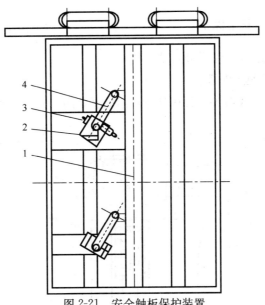

图 2-21　安全触板保护装置

1—门触板；2—微动开关；3—限位螺钉；4—控制杆

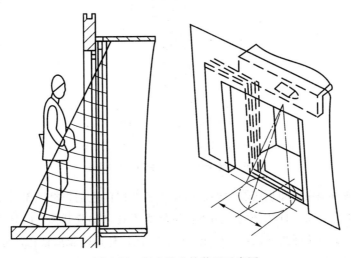

图 2-22　超声波监控装置示意图

为确保安全，门入口处往往采用多重保护，如红外光分立式和水平保护、安全触板和光电式保护装置组合使用等，形成立体、交叉的门保护网。

（2）防振消声装置。为了减少电梯开、关门和电梯运行中的振动与噪声，提高乘坐舒适感，在轿厢各构件的连接处需设置防振消声装置。防振消声装置设置位置分布在轿厢顶与轿壁之间、轿壁与轿厢底之间、轿架与轿厢顶之间、轿架下梁与轿厢底之间和轿厢侧面。

（3）层门紧急开锁装置：一些以前生产的电梯，一般在首层或顶层上装有开锁孔，以便检修和救援乘客时在层门外开门。近几年来国家有关部门对层门紧急开锁装置有了新的规定，要求每层门均设有紧急开门装置。紧急开锁的三角钥匙应由专人负责管理，不得随意开启，开启时注意安全。

2.4.2 开关门结构及门安全保护

电梯轿厢门、层门的开关分手动和自动两种。

1. 手动开关门结构及其工作原理

手动开关门结构，仅在少数的货梯中使用。门的开、闭，完全由驾驶人员用手进行，如图2-23所示。

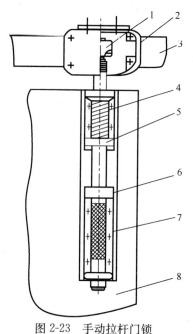

图 2-23　手动拉杆门锁

1—电联锁开关；2—锁壳；3—门框上导轨；4—复位弹簧；

5、6—拉杆固定架；7—拉杆；8—门扇

手动拉杆门锁由装在轿厢顶或层门框上的锁和装在层门上的拉杆两部分组成。门关妥时，拉杆的顶端插入锁孔，在拉杆压簧的作用下，拉杆既不会自动脱开锁，门外的人也扒不开门。开门时，驾驶人员手抓拉杆往下拉，拉杆压缩弹簧，使拉杆顶端脱离锁孔，再用手将门往开门方向推，便可将门开启。

对于手动开关门，轿厢门和层门之间无机械方面的联动关系，因而驾驶人员必须先开轿厢门，后开层门，或者先关层门，再关轿厢门。采用手动的开关门结构，必须由专职驾驶人员操作。

2. 自动开关门机及开关门的形式

自动开关门机是使轿厢门（含层门）自动开启或关闭的装置，层门的开闭是由轿厢门通过门刀带动的，门刀装设在轿厢门上。

自动开关门机除了能自动启、闭轿厢门，还应具有自动调速的功能，以避免在起端与终端发生冲击。根据使用要求，一般关门的平均速度要低于开门的平均速度，这样可以防止关门时将人夹住，而且客梯的门还设有安全触板。

另外，为了防止关门对人体的冲击，有必要对门速实行限制，《电梯制造与安装安全规范》规定，当门的动能超过 10 J 时，最快门扇的平均关闭速度要限制在 0.3 m/s。

根据门的形式不同，自动开关门机有适合于中分式的门、旁开式的门和变频式的门使用的。

1）中分式自动开关门机的工作原理

双臂中分式开关门机如图 2-24 所示，这种开关门机可同时驱动左、右门，且以相同的速度，做相反方向的运动。这种开关门机的开关门机构一般为曲柄摇杆和摇杆滑块的组合。

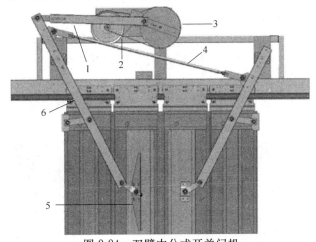

图 2-24　双臂中分式开关门机

1—拉杆；2—传动轮；3—曲柄轮；4—连杆；5—门刀；6—摇杆

双臂中分式开关门机以直流电动机为动力，但电动机不带减速箱。当曲柄轮按图示逆时针转动 180°时，左、右摇杆同时推动左、右门扇，完成一次开门行程；然后，曲柄轮再顺时针转动 180°，就能使左、右门扇同时合拢，完成一次关门行程。

双臂中分式开关门机采用电阻降压调速。用于速度控制的行程开关装在曲柄轮背面的开关架上，一般为 5 个。开关打板装在曲柄轮上，在曲柄轮转动时依次动作各开关，达到调速的目的。改变开关在架上的位置，就能改变运动阶段的速度。

2）旁开式自动开关门机的工作原理

两扇旁开式自动开关门机如图 2-25 所示。曲柄连杆转动时，摇杆带动快门运动，同时慢门连杆也使慢门运动，只要慢门连杆与摇杆的铰接位置合理，就能使慢门的速度为快门的 1/2。对于旁开式自动开关门机，门在启、闭时的速度变化，由改变电动机电枢的电压来实现，曲柄链轮与凸轮箱中的凸轮相连，凸轮箱装有行程开关（通常为 5 个，开门方向 2 个，关门方向 3 个），曲柄链轮转动时使凸轮依次动作行程开关，使电动机接上或断开

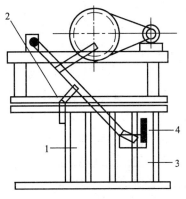

图 2-25　两扇旁开式自动开关门机

1—慢门；2—慢门连杆；3—快门；4—门刀

电器箱中的电阻，以此改变电动机电枢电压，使其转速符合门速要求。由于旁开式门的行程要大于中分式门，为了提高使用效率，门的平均速度一般高于中分式门。

对于三扇旁开式门，只需再增设一条慢门连杆，并合理确定两条慢门连杆在摇杆上的铰接位置，就能实现三扇门的速度比为 3∶2∶1。

3）变频门机的工作原理

变频门机的出现，使构造更简单，性能更好。目前乘客电梯多采用变频门机机构。采用变频电机，不但省掉了复杂的减速和调速装置使结构简单化，而且开关平稳，噪声小，还减少能耗。

3. 门锁和电气安全触点

为防止发生坠落和剪切事故，层门由门锁锁住，使人在层站外不用开锁装置无法将层门打开，所以门锁是十分重要的安全部件。

门锁是机电联锁装置，层门上的锁闭装置（门锁）的启闭是由轿厢门通过门刀来带动的。层门是被动门，轿厢门是主动门（由门机拖动），层门的开闭由轿厢门上的门刀插入（夹住）层门锁滚轮，使锁臂脱钩后跟着轿厢门一起运动。

门刀用钢板制成，其形状似刀，故称为门刀。门刀用螺栓紧固在轿厢门上，在每一层站能准确插入两个锁滚轮中间，如图 2-26 所示。

图 2-26　轿厢门及其轿厢门上的门刀

下面以上钩式自动门锁来说明电梯层面的开、关门原理。上钩式自动门锁示意图如图 2-27所示。

开门：电梯平层时，门刀插入门锁的两个滚轮之间。当轿厢门开启时，门刀向右移动，推动锁臂滚轮。锁臂在推动力的作用下克服顶杆弹簧的弹力，做逆时针旋转，由此脱离锁钩。与此同时，摆臂在连杆的带动下也做逆时针转动，使摆臂滚轮迅速靠近门刀。当两个滚轮将门刀夹住时，锁臂停止旋转，门刀动作完成，层门在门刀的作用下被打开。此时，撑杆在自重的作用下复位，其端部与锁臂上的齿槽吻合。

关门：当轿厢门闭合时，门刀向左运动。门刀对摆臂滚轮的推动力使摆臂受到顺时针回转的力。但由于锁臂被撑杆顶住，不能转动，从而将其力传递给层门，使层门闭合。当接近闭合位置时，撞击螺钉在门运动力的作用下撞开撑杆，锁臂在顶杆弹簧力的作用下迅速复位，与层门架上的锁钩吻合，将门锁住。同时，锁头将微动开关压合，接通电梯的控制回路，为电梯运行做好准备。

　　这种门锁在锁合时同样需要以门的动力将上滚轮翻转，但由于只需要克服拉力较小的拉簧拉紧力，使门扇可以以较小的速度闭合，减小冲击。同时，这种门锁以电气开关和导电座代替了前一种电气开关，排除了由于开关触点粘连使电气联锁失灵的可能。

　　门锁由底座、锁钩、钩挡、施力元件、滚轮、开锁门轮和电气安全触点组成，图 2-28 是目前使用较多的 SL 型门锁结构示意图。可见，即使弹簧（施力元件）失效，也可靠重力使门锁钩闭合，非常安全。门锁要求十分牢固，在开门方向施加 1 000 N 的力应无永久变形，所以锁紧元件（锁钩、锁挡）应耐冲击，由金属制造或加固。

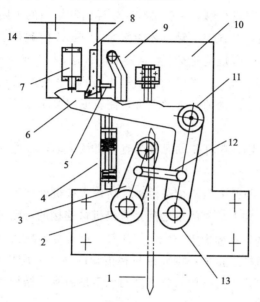

图 2-27　上钩式自动门锁示意图

1—门刀；2—摆臂滚轮；3—摆臂；4—顶杆弹簧；5—撞击螺钉；6—锁臂；7—微动开关；
8—锁钩；9—撑杆；10—层门门扇；11—锁臂转轴；12—连杆；13—锁臂滚轮；14—层门架

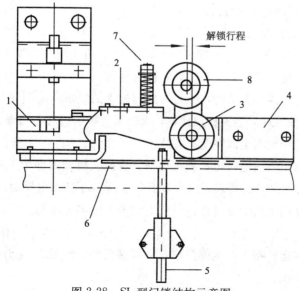

图 2-28　SL 型门锁结构示意图

1—触点开关；2—锁钩；3—滚轮；4—底座；5—外推杆；6—钩挡；7—压紧弹簧；8—开锁门轮

　　锁钩的啮合深度（钩住的尺寸）是十分关键的，标准要求在啮合深度达到和超过7 mm时，电气触点才能接通，电梯才能启动运行。锁钩锁紧的力是由施力元件（即压紧弹簧）和锁钩的重力供给的。以往曾广泛使用的从下向上钩的门锁，由于当施力元件（弹簧）失效时，锁钩的重力会导致开锁，已禁止生产和使用。

　　门锁的电气触点是验证锁紧状态的重要安全装置，要求与机械锁紧元件（锁钩）之间的连接是直接的和不会误动作的，而且当触点粘连时，也能可靠断开。现在一般使用的是簧片式或插头式电气安全触点，普通的行程开关和微动开关是不允许用的。

　　除了锁紧状态要有电气安全触点来验证外，轿厢门和层门的关闭状态也应有电气安全触点来验证。当门关到位后，电气安全触点才能接通，电梯才能运行。验证门关闭的电气触点也是重要的安全装置，应符合规定的安全触点要求，不能使用一般的行程开关和微动开关。

　　层门门扇之间若用钢丝绳、传送带、链条等传动的，称为间接机械传动，应在每个门扇上安装电气安全触点。由于门锁的安全触点可兼任验证门关闭的任务，所以有门锁的门扇可以不再另装安全触点。

　　当门扇之间的连动由刚性连杆传动时称为直接机械传动，则电气安全触点可只装在被锁紧的门扇上。

　　当轿厢门的各门扇若与开关门机构是由刚性结构直接机械传动的，则电气安全触点可安装在开关门机构的驱动元件上；若门扇之间是直接机械连接的，则可只装在一个门扇上；若门扇之间是间接机械连接的，即由钢丝绳、传送带、链条等连接传动的，而开关门机构与门扇之间是刚性结构直接机械连接的，则允许只在被动门扇（不是开关门机直接驱动的门扇）安装电气安全触点。如果开关门机构与门扇之间也不是由刚性结构直接机械连接的，则每个门扇均要有电气安全触点。

4. 电梯门的整体要求

　　为保证电梯的安全运行，层门和轿厢门与周边结构（如门框，上门楣等）的缝隙只要不妨碍门的运动，应尽量小，标准要求客梯门的周边缝隙不得大于6 mm，货梯不得大于8 mm。在中分门层门下部用人力向两边拉开门扇时，其缝隙不得大于30 mm。从安全角度考虑，电梯轿厢门地坎与层门地坎的距离不得大于35 mm。轿厢门地坎与所对的井道壁的距离不得大于150 mm。

　　电梯的门刀与门锁轮的位置要调整精确，在电梯运行中，门刀经过门锁轮时，门刀与门锁轮两侧的距离要均等；通过层站时，门刀与层门地坎的距离和门锁轮与轿厢门地坎的距离均应为5～10 mm，距离太小，容易碰擦地坎，太大则会影响门刀在门锁轮上的啮合深度，一般门刀在工作时应与门锁轮在全部厚度上接触。

　　当电梯在开锁区内切断门电机电源或停电时，应能从轿厢内部用手将门拉开，开门力应不大于300 N，但应大于50 N。要求开门力大于50 N是为了防止电梯运行过程中门自动开启，一般采用运行中不切断门电机励磁电流或门机上设平衡锤等方法防止门在电梯运行中关不严或自动开启。

　　电梯开门后若没有运行指令，电梯门应在一段必要的时间后自动关闭，不应该出现电梯开着门在层站等待的现象。

　　层门外的候梯部位应有不低于50 lx的照明，在层门开启时能看清层门内的情况。

技术与应用——人工紧急开锁和强迫关门装置

1. 人工紧急开锁

为了在必要时（如救援）能从层站外打开层门，标准规定每个层门都应有人工紧急开锁装置。工作人员可用三角形的专用钥匙从层门上部的锁孔中插入，通过门后装置所示的开门顶杆将门锁打开。在无开锁动作时，开锁装置应自动复位，不能仍保持开锁状态。在以往的电梯上，紧急开锁装置只设在基站或两个端站。由于电梯救援方式的改变，现在强调每个层站的层门均应设紧急开锁装置。

2. 强迫关门装置

电梯大部分事故出在门系统上，其中，由于门不应打开造成的事故最为严重。所以在轿厢门驱动层门的情况下，当轿厢在开锁区域以外时，层门无论因何种原因开启，都应有一种装置能确保层门自动关闭。这种装置可以利用弹簧或重锤的作用（图 2-29 和图 2-30），强迫层门闭合。目前重锤式关门装置用得较多，重锤式关门装置始终用同样的力关门，而弹簧式关门装置在门关闭终了时的力较弱。

图 2-29　弹簧式强制关门装置　　　　　图 2-30　重锤式强制关门装置

技能与实训——电梯厅门的安装与调整方法

一、技能目标

掌握额定载重量 5 000 kg 及以下，额定速度 3 m/s 及以下各类国产曳引驱动电梯厅门的安装方法。

二、实训材料

台钻、电锤、水平尺、钢直尺、90°角尺、电焊工具、气焊工具、线坠、斜塞尺、铁锹、小铲、锤子、錾子等。

三、操作步骤

1. 稳装地坎

（1）按要求由样板放 2 根厅门安装基准线（高层梯最好放 3 条线，即门中 1 条线，门口两边 2 条线），在厅门地坎上画出净门口宽度线及厅门中心线，在相应的位置打 3 个卧点，以基准线及此标志确定地坎、牛腿及牛腿支架的安装位置。

（2）若地坎牛腿为混凝土结构，用清水冲洗干净，将地脚爪装在地坎上。然后用细石混凝土浇筑（水泥标号不小于 325♯。水泥、砂子、石子的容积比是 1∶2∶2）。稳放地坎时要用水平尺找平，同时 3 个卧点分别对正 3 条基准线，并找好与线的距离。

地坎稳好后应高于完工装修地面 2～3 mm，若完工装修地面为混凝土地面，则应高出 5～10 mm，且应按 1∶50 的坡度将混凝土地面与地坎平面抹平。

（3）若厅门无混凝土牛腿，要在预埋铁上焊支架，安装钢牛腿来稳装地坎，分以下两种情况：

① 电梯额定载重量在 1 000 kg 及以下的各类电梯，可用不小于 65 mm 等边角钢做支架，进行焊接，并稳装地坎。牛腿支架不少于 3 个。

② 电梯额定载重量在 1 000 kg 以上的各类电梯（不包括 1 000 kg）可采用 10 mm 厚的钢板及槽钢制作牛腿支架，进行焊接，并稳装地坎。牛腿支架不少于 5 个。

（4）电梯额定载重量在 1 000 kg 以下（包括 1 000 kg）的各类电梯，若厅门地坎处既无混凝土牛腿又无预埋铁，可采用 M14 以上的膨胀螺栓固定牛腿支架来稳装地坎。

（5）对于高层电梯，为防止由于基准线被碰造成误差，可以先安装和调整好导轨。然后以轿厢导轨为基准来确定地坎的安装位置。方法如下：

① 在厅门地坎中心点 M 两侧的 $1/2L$ 处 M_1 及 M_2 点分别做上标记（L 是轿厢导轨间距）。

② 稳装地坎时，用 90° 角尺测量尺寸，使厅门地坎距离轿厢两导轨前侧面尺寸均为 $B+H-d/2$。其中 B 为轿厢导轨中心线到轿厢地坎外边缘尺寸；H 为轿厢地坎与厅门地坎距离（一般是 25 mm 或 30 mm）；d 为轿厢导轨工作端面宽度。

③ 左右移动厅门地坎，使 M_1、M_2 与 90° 角尺的外角对齐，这样地坎的位置即可确定。但为了复核厅门中心点是否正确，可测量厅门地坎中心点 M 距轿厢两导轨外侧棱角的距离，其距离 S_1 与 S_2 应相等。

2. 安装门立柱、门滑道、门套

（1）地坎混凝土硬结后安装门立柱。砖墙采用剔墙眼埋注地脚螺栓。

（2）混凝土结构墙若有预埋铁，可将固定螺钉直接焊于预埋铁上。

（3）混凝土结构墙若没有预埋铁，可在相应位置用 M12 膨胀螺栓两条安装 150 mm×100 mm×10 mm 的钢板作为预埋铁使用。其他安装同上。

（4）若门滑道、门立柱离墙超过 30 mm 应加垫圈固定，若垫圈较高，宜采用厚铁管两端加焊铁板的方法加工制成，以保证其牢固。

（5）用水平尺测量门滑道安装是否水平。例如，侧开门，两根滑道上端面应在同一水平面上，并用线坠检查上滑道与地坎槽两垂面水平距离和两者之间的平行度。

（6）钢门套安装调整后，用钢筋棍将门套内筋与墙内钢筋焊接固定。

3. 安装厅门、调整厅门

（1）将门底导脚、门滑轮装在门扇上，把偏心轮调到最大值（和滑道距离最大）。然后将门底导脚放入地坎槽，门轮挂到滑道上。

（2）在门扇和地坎间垫上 6 mm 厚的支撑物。门滑轮架和门扇之间用专用垫片进行调整，使之达到要求，然后将滑轮架与门扇的连接螺钉进行紧固，将偏心轮调回到与滑道间距小于 0.5 mm，撤掉门扇和地坎间的所垫物，进行门滑行试验，达到轻快自如为合格。

4. 机锁、电锁、安全开关的安装

（1）安装前应对锁钩、锁臂、滚轮、弹簧等按要求进行调整，使其灵活、可靠。

（2）门锁和门安全开关要按图样规定的位置进行安装。若设备上安装螺钉孔不符合图样要求，要进行修改。

（3）调整厅门门锁和门安全开关，使其达到只有当两扇门（或多扇）关闭达到有关要求后才能使门锁电接点和门安全开关接通。如门锁固定螺孔可调，门锁安装调整就位后，必须加定位螺钉，防止门锁移位。

（4）当轿厢门与厅门联动时，钩锁应无脱钩及夹刀现象，在开关门时应运行平稳，无抖动和撞击声。

四、综合评价

电梯厅门的安装与调整综合评价表如表 2-5 所示。

表 2-5　电梯厅门的安装与调整综合评价表

序　号	主　要　内　容		评　分　标　准	配　分	扣　分	得　分
1	稳装地坎		地坎、牛腿及牛腿支架的安装位置不合理，每处扣 5 分	25		
			地坎稳好后应高于完工装修地面高度不合适，扣 5 分			
			地坎的安装位置不合适，扣 5 分			
2	安装门立柱、门滑道、门套		门立柱、上滑道、门套安装方法不正确，每处扣 5 分	15		
3	安装厅门、调整厅门		门滑行达不到轻快自如，扣 10 分	10		
4	机锁、电锁、安全开关的安装		机锁、电锁、安全开关的安装不灵活可靠，每处扣 5 分	20		
			机锁、电锁、安全开关安装位置不合适，每处扣 5 分			
5	安装固定		所有焊接、连接和膨胀螺栓固定的部件不牢固可靠，每处扣 5 分	20		
6	职业规范团队合作	安全文明生产	违反安全文明操作规程，扣 3 分	10		
		组织协调与合作	团队合作较差，小组不能配合完成任务，扣 3 分			
		交流与表达能力	不能用专业语言正确、流利地简述任务成果，扣 4 分			
合　计				100		

2.5　引导系统

➤ 本节介绍电梯引导系统的构成。

➤ 本节介绍导轨和导轨架的安装方法。

什么是电梯的引导系统？电梯的引导系统示意图如图 2-31 所示。电梯的引导系统是用来限制轿厢和对重的活动自由度，使轿厢和对重只沿着各自的导轨做升降运动，不会发生横向的摆动和振动，保证轿厢和对重运行平稳不偏摆。电梯的引导系统由哪几部分组成呢？电梯的引导系统分为轿厢引导系统及对重引导系统，均由导轨、导轨架及导靴组成。

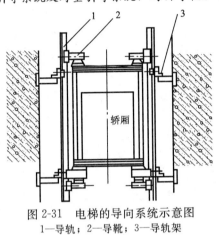

图 2-31　电梯的导向系统示意图

1—导轨；2—导靴；3—导轨架

2.5.1　导轨

1. 导轨的作用

（1）导轨是轿厢和对重在竖直方向运动的导向，限制轿厢和对重的活动自由度。

（2）当安全钳动作时，承受轿厢或对重的制动力。

（3）防止由于轿厢的偏载而产生歪斜，保证轿厢平稳。

2. 导轨的分类

电梯导轨分为 T 形导轨和空心导轨两大类。导轨的几种结构如图 2-32 所示。

（1）T 形导轨：是目前我国电梯中使用最多的导轨，其通用性强，且具有良好的抗弯性能及可加工性。

（2）空心导轨：一般用于对重。

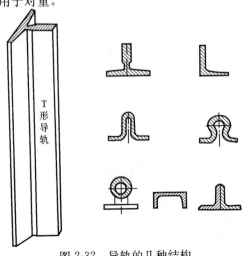

图 2-32　导轨的几种结构

3. 选择导轨的依据

在中国，选择导轨的依据是看导轨的宽度、高度及厚度。例如，T45/A 型号的导轨宽度、高度为 45 mm，厚度为 5 mm。日本选择导轨的依据是看加工后 1 m 长度的导轨重多少为规格来区分。

4. 导轨之间的连接

当导轨长度不够，需要连接时，先把做连接的两个导轨的连接部位做凹凸面处理，然后对接插入，后面加连接板后用螺栓紧固。连接完后的两个导轨的台阶大小应小于 0.05mm，并在接头处做修光处理。导轨间的连接示意图如图 2-33 所示。

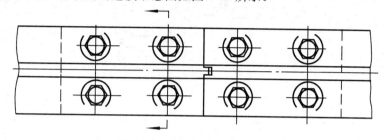

图 2-33　导轨间的连接示意图

2.5.2　导轨架

1. 导轨架的分类

电梯的导轨架如图 2-34 所示，分为框形导轨架、山形导轨架（多用于轿厢）、L 形导轨架（多用于对重）3 种。

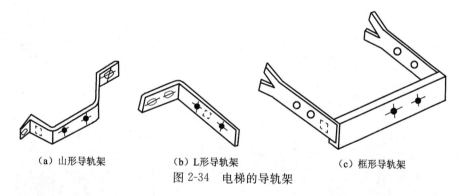

（a）山形导轨架　　（b）L形导轨架　　（c）框形导轨架

图 2-34　电梯的导轨架

2. 导轨架的安装方法

导轨架按电梯安装平面图的要求，固定在电梯井道内侧的墙壁上，是固定导轨的部件。导轨、导轨架与电梯井道之间的固定，应具有自动调整或调节便捷的功能，以利于适应建筑物正常沉降等问题。

导轨架在井道墙壁上的固定方法有埋入式、焊接式、预埋螺栓式及膨胀螺栓式等。

（1）埋入式：开叉埋入框形导轨架（埋入深度不小于 120 mm）。

（2）焊接式：电梯井壁有预埋铁，清除预埋铁上的混凝土后，把导轨架焊接牢固。

（3）预埋螺栓式：电梯井壁预埋螺栓，然后把导轨架用螺母固定在螺栓上。

（4）膨胀螺栓式：先打孔，放入膨胀螺母，然后拧入螺栓直至螺母被胀开固死即可。

3. 导轨在导轨架上的固定

导轨不能直接固定在井壁上,需要固定在导轨架上。固定方法一般采用压板固定法,不采用焊接法。固定方法如图 2-35 所示。

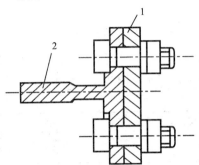

图 2-35 导轨在导轨架上的固定方法

1—导轨架；2—导轨

2.5.3 导靴

导靴的凹形槽（靴头）与导轨的凸形工作面配合,使轿厢和对重装置沿着导轨上下运动,防止轿厢和对重运行过程中偏斜或摆动。

导靴分别装在轿厢和对重装置上。轿厢导靴安装在轿厢上梁和轿厢底部安全钳座（嘴）的下面,共 4 个,如图 2-36 所示。对重导靴安装在对重架的上部和底部,一组共 4 个,如图 2-37所示。实际上导靴在水平方向固定轿厢与对重的位置。

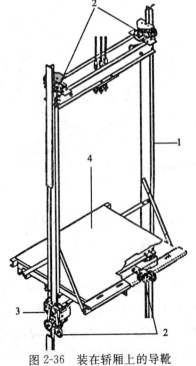

图 2-36 装在轿厢上的导靴

1—导轨；2—导靴；3—安全钳座（嘴）；4—轿厢底

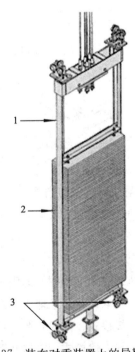

图 2-37 装在对重装置上的导靴

1—对重框架；2—对重块；3—导靴

一个导靴一般可以看成由带凹形槽的靴头、靴体和靴座组成，如图 2-38 所示。简单的导靴可以由靴头和靴座构成。靴头可以是固死的，也可以是滑动的；靴头可以由凹形槽与导轨配合，也可以用 3 个滚轮与导轨配合运行。

由于固定式导靴的靴头是固死的，没有调节的机构，导靴与导轨的配合存在一定的间隙，随着运行时间的增长，其间隙会越来越大，因此轿厢在运行中就会产生一定的晃动，甚至会出现冲击，因此固定式导靴只用于额定速度低于 0.63 m/s 的电梯。

图 2-38　导靴的组成
1—导靴头；2—导靴体；3—导靴座

技术与应用——导靴的种类及特点

1. 刚性滑动导靴

刚性滑动导靴常用于中、低速电梯，一般由靴座和靴衬组成。靴衬常用玻璃纤维制造，覆盖材料用二硫化钼。刚性滑动导靴与导轨的配合存在着较大间隙，相对运动时会产生较大的振动和冲击。因此，其只用于 1.0 m/s 下的低速梯上。

2. 弹性滑动导靴

弹性滑动导靴由靴座、靴头、靴衬、靴轴、压缩弹簧或橡胶弹簧、调节套或调节螺母组成，如图 2-39 所示。

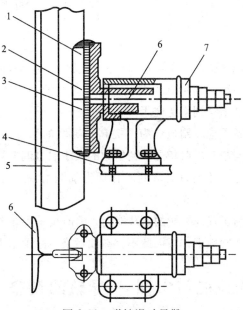

图 2-39　弹性滑动导靴
1—靴头；2—弹簧；3—尼龙靴衬；4—靴座；
5—导轨；6—靴轴；7—调节套

弹性滑动导靴的导靴头只能在弹簧的压缩方向上做轴向浮动，因此又称单向弹性导靴。

弹性滑动导靴与固定式滑动导靴的不同之处在于靴头是浮动的，在弹簧力的作用下，靴衬的底部始终压贴在导轨端面上，因此能使轿厢保持较稳定的水平位置，同时在运行中具有吸收振动与冲击的作用。

3. 滚动导靴

刚性滑动导靴和弹性滑动导靴的靴衬无论是铁的、钢的还是尼龙的，在电梯运行过程中，靴衬与导轨之间总有摩擦力存在。这个摩擦力不但增加曳引机的负荷，而且是轿厢运行时引起振动和噪声的原因之一。为了减少导靴与导轨之间的摩擦力，节省能量，提高乘坐舒适感，在运行速度 $v>2.0$ m/s 的高速电梯中，常采用滚轮导靴取代弹性滑动导靴。

滚动导靴由滚轮、弹簧、靴座、摇臂等组成，如图 2-40 所示。

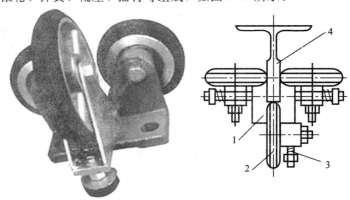

(a) 滚动导靴外观图　　　(b) 滚动导靴与导轨配合图

图 2-40　滚动导靴

1—靴座；2—滚轮；3—摇臂；4—导轨

滚动导靴以 3 个滚轮代替了滑动导靴的 3 个工作面。3 个滚轮在弹簧的作用下，压贴在导轨 3 个工作面上，电梯运行时，滚轮在导轨面上做滚动。

滚动导靴以滚动摩擦代替滑动摩擦，大大减少了摩擦损耗，节省了能量；同时还在导轨的 3 个工作面方向，都实现了弹性支承，从而对力 F_x 及 F_y 都具有良好的缓冲作用；并能在 3 个方向上自动补偿导轨的各种几何形状误差及安装偏差。滚动导靴的这些优点，使它能适应高的运行速度，在高速电梯上得到广泛应用。

滚动导靴的滚轮常用硬质橡胶制成。为了提高与导轨的摩擦力，在轮圈上制出花纹。滚轮对导轨的压力，其意义与滑动导靴相同。初压力的大小通过调节弹簧的被压缩量加以调节。

应当注意的是，滚动导靴不允许在导轨工作面上加润滑油，否则，会使滚轮打滑，无法工作。滚轮转动应灵活、平稳、可靠。

对于重载高速电梯，为了提高导靴的承载能力，有时也采用 6 个滚轮的滚动导靴。滚动导靴可以在干燥的不加润滑的导轨上作，因此不存在油污染，减少了火灾的危险。

技能与实训——导轨的调整

一、技能目标

掌握电梯导轨的调整方法。

二、实训材料

验导尺、钢直尺、垫片等。

三、操作步骤

（1）将验导尺固定于两导轨平行部位（导轨架部位），拧紧固定螺栓。

（2）用钢直尺检查导轨端面与基准线的间距和中心距离，如不符合要求，应调整导轨前后距离和中心距离，以符合精度要求。

（3）绷紧验导尺之间用于测量扭曲度的连线，并固定，校正导轨使该线与扭曲度刻线吻合。

（4）用 2 000 mm 长的钢直尺贴紧导轨工作面，校验导轨间距 L，或用精校尺测量。

（5）调整导轨用垫片不能超过 3 片，导轨架和导轨背面的衬垫不宜超过 3 mm 厚。垫片厚大于 3 mm，小于 7 mm 时，要在垫片间点焊；若超过 7 mm，应先用与导轨宽度相当的钢板垫入，再用垫片调整。

（6）导轨接头处，导轨工作面直线度可用 500 mm 的钢直尺靠在导轨工作面，接头处对准钢板尺 250 mm 处，用塞尺检查 a、b、c、d 处（图 2-41），均应不大于表 2-6 的规定。

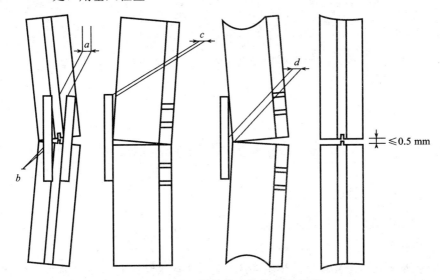

图 2-41　导轨接头处检查示意图

表 2-6　导轨直线度允许偏差

导轨连接处	a	b	c	d
导轨直线度允许偏差/mm	≤0.15	≤0.06	≤0.15	≤0.06

（7）对台阶应沿斜面用专用刨刀刨平，磨修长度应符合表 2-7 的要求。

表 2-7　台阶磨修长度

电梯速度/（m/s）	2.5 m/s 及以上	2.5m/s 以下
修整长度/mm	≥300	≥200

四、综合评价

导轨的调整综合评价表如表2-8所示。

表 2-8　导轨的调整综合评价表

序　号	主要内容		评分标准	配　分	扣　分	得　分
1	调整导轨顺序		调整导轨不由下而上进行，扣10分	10		
2	导轨间距及扭曲度		导轨间距不符合要求，扣15分	30		
			导轨扭曲度不符合要求，扣15分			
3	导轨局部缝隙		导轨接头处的全长不应有连续缝隙，如果局部缝隙大于0.5 mm，扣30分	30		
4	导轨连接后的台阶要求		两导轨的侧工作面和端面接头处的台阶大于0.05 mm，扣20分	20		
5	职业规范团队合作	安全文明生产	违反安全文明操作规程，扣3分	10		
		组织协调与合作	团队合作较差，小组不能配合完成任务，扣3分			
		交流与表达能力	不能用专业语言正确、流利地简述任务成果，扣4分			
合　计				100		

2.6　机械安全保护系统

➤ 本节介绍电梯的各种机械安全保护系统。

➤ 本节介绍电梯限速器的安装方法。

 **观察与思考**

　　为什么要设置电梯的机械安全保护系统？电梯是频繁载人的垂直运输工具，必须有足够的安全性。为了确保电梯运行中的安全，在设计电梯时设置了多种机械安全系统。电梯的机械安全保护系统由哪几部分组成呢？电梯的机械安全保护系统主要由限速器、安全钳、缓冲系统及护脚板等组成。

2.6.1　限速器和安全钳简介

1. 设置限速器和安全钳的原因

　　正常运行的轿厢，一般发生坠落事故的可能性极少，但也不能完全排除这种可能性。一般常见的有以下几种可能的原因：

　　（1）曳引钢丝绳因各种原因全部折断。

　　（2）蜗轮蜗杆的轮齿、轴、键、销折断。

（3）曳引摩擦绳槽严重磨损，造成当量摩擦因数急剧下降，导致平衡失调，加之轿厢超载，则钢丝绳和曳引轮打滑。

（4）轿厢超载严重，平衡失调，制动器失灵。

（5）因某些特殊原因，如平衡对重偏轻、轿厢自重偏轻，造成钢丝绳对曳引轮压力严重减少，致使轿厢侧或对重侧平衡失调，使钢丝绳在曳引轮上打滑。

只要发生以上 5 种原因之一，就可能发生轿厢（或对重）急速坠落的严重事故。

因此按照国家有关规定，无论是乘客电梯、载货电梯、医用电梯等，都应装置限速器和安全钳系统。

在电梯的安全保护系统中，提供的综合的安全保障是限速器、安全钳和缓冲器。当电梯在运行中无论何种原因使轿厢发生超速，甚至坠落的危险状况而所有其他安全保护装置均未起作用的情况下，则靠限速器、安全钳（轿厢在运行途中起作用）和缓冲器的作用使轿厢停住而不致使乘客和设备受到伤害。所以限速器和安全钳是防止电梯超速和失控的保护装置。

2. 限速器和安全钳

限速器是速度反应和操作安全钳的装置。当轿厢运行速度达到限定值（一般为额定速度的 115% 以上）时，其能发出电信号并产生机械动作，以引起安全钳工作。所以限速器在电梯超速并在超速达到临界值时起检测及操纵作用。

安全钳由于限速器的作用而引启动作，迫使轿厢或对重装置制停在导轨上，同时切断电梯和动力电源的安全装置。因此它是在限速操纵下强制使轿厢停住的执行机构。

限速器通常安装在电梯机房或隔音层的地面，平面位置一般在轿厢的左后角或右前角处。限速器绳的张紧轮安装在井道底坑。限速器绳绕经限速器轮和张紧轮形成全封闭的环路，其两端通过绳头连接架安装在轿厢架上操纵安全钳的杠杆系统。张紧轮的重量使限速器绳保持张紧，并在限速器轮槽和限速器绳之间形成摩擦力。轿厢上、下运行同步地带动限速器绳运动，从而带动限速器轮转动，如图 2-42 所示。

根据电梯安全规程的规定，任何曳引电梯的轿厢都必须设有安全钳装置，并且规定此安全钳装置必须由限速器来操纵，禁止使用由电气、液压或气压装置来操作安全钳。当电梯底坑的下方有人通行或有能进入的过道或空间时，对重也应设有限速器安全钳装置。

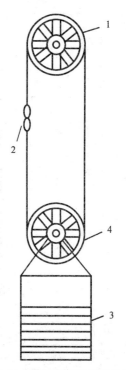

图 2-42　限速器装置的传动系统
1—限速器轮；2—绳头拉手；
3—重砣；4—张紧轮

安全钳装置的构成及其运动分析如下。

安全钳装置装设在轿厢架或对重架上，由以下两部分组成。

（1）操纵机构：是一组连杆系统，限速器通过此连杆系统操纵安全钳起作用，如图 2-43 中的 8，图 2-44 中的 7。

（2）制停机构：又称安全钳（嘴），作用是使轿厢或对重制停，夹持在导轨上，如

图 2-43 中的 7，图 2-44 中的 5。

安全钳需要有两组，对应地安装在与两根导轨接触的轿厢外两侧下方处。常见的是把安全钳安装在轿厢架下梁的上面。

如图 2-43 和图 2-44 所示，限速绳两端的绳头与安全钳杠杆的驱动连杆相连接。电梯正常运行时，轿厢运动通过驱动连杆带动限速器绳和限速器运动，此时，安全钳处于非动作状态，其制停元件与导轨之间保持一定的间隙。当轿厢超速达到限定值时，限速器动作使夹绳夹住限速器绳，于是随着轿厢继续向下运动，限速器绳提起驱动连杆促使连杆系统联动，两侧的提升拉杆被同时提起，带动安全钳制动楔块与导轨接触，两安全钳同时夹紧在导轨上，使轿厢制停。安全钳动作时，限速器的安全开关或安全钳提拉杆操纵的安全开关，都会断开控制电路，迫使制动器失电制动。

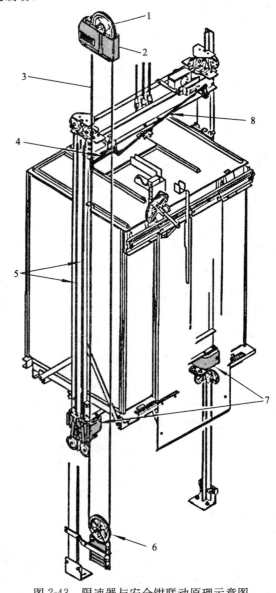

图 2-43　限速器与安全钳联动原理示意图
1—限速器轮；2—限速器；3—限速器绳；4—安全钳操作拉杆；5—拉杆；
6—张紧轮；7—安全钳；8—连杆系统

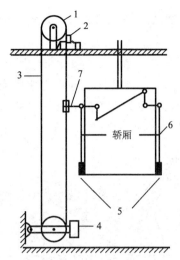

图 2-44　限速器与安全钳联动原理立面示意图
1—限速器；2—绳制动器；3—限速器绳；4—张紧轮；
5—安全钳；6—拉杆；7—连杆系统

只有当所有安全开关复位，轿厢向上提起时，才能释放安全钳。安全钳不恢复到正常状态，电梯不能重新使用。

限速器按动作原理可分为摆锤式和离心式两种，离心式限速器较为常用。图 2-45 所示为上摆锤凸轮棘爪限速器。轿厢在运行时，通过限速器绳头拉动限速器绳，使限速器绳轮和连在一起的凸轮和控制轮（棘轮）同步转动。摆锤由调节弹簧拉住，锤轮压在凸轮上，凸轮转动使摆锤上下摆动。转动速度越大，摆锤的摆动幅度越大。当轿厢运行超速时，由于摆锤摆动幅度加大，触动超速开关，切断电梯安全电路，使电梯停止运行。若电梯在向下运行，超速开关动作后没有停止而继续超速运动，则当速度超过额定速度的115%以后，因摆锤摆动幅度的进一步加大，棘爪卡入制动轮中，使制动轮和连在一起的限速器绳轮停止转动，由限速器绳头和联动机构将安全钳拉动，轿厢制停。摆锤式限速器一般用于速度较低的电梯。

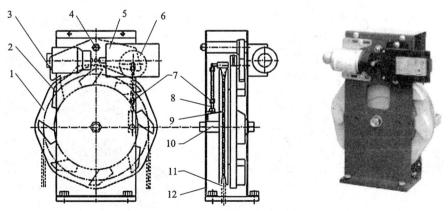

图 2-45　上摆锤凸轮棘爪式限速器
1— 凸轮；2—棘爪；3—摆杆；4—摆杆转轴；5—超速电气开关；6—限速胶轮；
7—调节弹簧；8—拉簧调节螺杆；9—限速器绳轮；10—转轴；11—限速器绳；12—机架

　　根据限速器在动作时对钢丝绳的夹持是刚性的还是弹性的，限速器又可分为刚性夹持式和弹性夹持式。

　　图 2-46 所示为刚性夹持式甩块限速器。电梯运行时，绳轮在钢丝绳的带动下旋转，由于离心力的作用使甩块向外张开，当限速器速度达到指定速度值时，离心力的增大使甩块锲住棘轮罩上的棘齿，带动棘轮转动，并使偏心叉随着回转，从而带动夹绳钳将钢丝绳夹住，由限速器绳头和联动机构将安全钳拉动，轿厢制停。

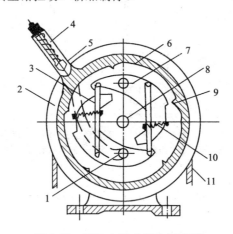

图 2-46　刚性夹持式甩块限速器

1—销轴；2—限速器绳轮；3—甩块连杆；4—绳钳弹簧；5—夹绳钳；

6—棘轮；7—甩块；8—轴心；9—棘齿；10—拉簧；11—限速器绳

　　图 2-47 所示为弹性夹持式限速器。限速器上安装有超速开关，限速器对电梯速度的限制作用分为两个独立的动作。

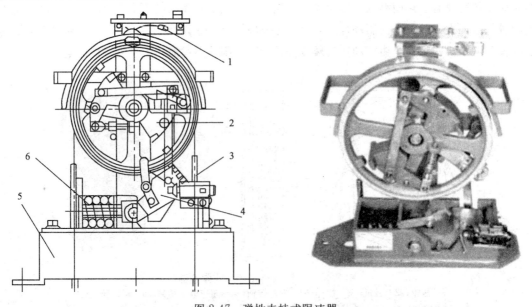

图 2-47　弹性夹持式限速器

1—超速开关；2—锤罩；3—限速器绳；4—夹绳钳；5—钳座；6—夹紧弹簧

（1）当电梯运行速度达到限速器超速开关动作速度时，超速开关首先动作，同时切断安全回路，制动器失电抱闸，使电梯停止运行。限速器超速开关动作速度也称为第一动作速度。

（2）若电梯继续加速下行，则带动夹绳钳动作，夹绳钳在自重作用下，将限速器钢丝绳夹住，由于绳钳与钳座之间有夹紧弹簧，因此绳钳对限速器钢丝绳的夹紧是一个弹性夹持过程（两个夹绳钳具有联动关系），对绳索起到很好的保护作用。弹性夹持式限速器适合于快、高速电梯。

限速器的动作速度应不小于115％的额定速度，但应小于下列值：

（1）配合楔块式瞬时式安全钳的为 0.8 m/s。

（2）配合不可脱落滚柱式瞬时式安全钳的为 1.0 m/s。

（3）配合额定速度小于或等于 1 m/s 的渐进式安全钳的为 1.5m/s。

（4）配合速度大于 1m/s 的渐进式安全钳的为 $1.25v+\dfrac{0.25}{v}$（v 为电梯额定速度）。

对于载重量大、额定速度低的电梯，应专门设计限速器，并用接近下限的动作速度。若对重也设安全钳，则对重限速器的动作速度应大于轿厢限速器的动作速度，但不得超过10 ％。

限速器绳应选柔性良好的钢丝绳，其绳径不小于 6 mm，安全系数不小于 8。限速器绳由安装于底坑的张紧装置予以张紧，张紧装置的重量应使正常运行时钢丝绳在限速器绳轮的槽内不打滑，且悬挂的限速器绳不摆动。张紧装置应有上下活动的导向装置。限速器绳轮和张紧轮的节圆直径应不小于所用限速器绳直径的 30 倍。为了防止限速器绳断裂或过度松弛而使张紧装置丧失作用，在张紧装置上应有电气安全触点，当发生上述情况时能切断安全电路使电梯停止运行。

限速器动作时，限速器对限速器绳的最大制动力应不小于 300 N，同时不小于安全钳动作所需提拉力的两倍。若达不到这个要求，很可能发生限速器动作时限速器绳在限速器绳轮上打滑提不动安全钳，而轿厢继续超速向下运动。为了提高制动力，没有夹绳、压绳装置的限速器绳轮应采用 V 形绳槽，绳槽应硬化处理。

限速器必须有非自动复位的电气安全装置，在轿厢上行或下行达到动作速度以前或同时动作，使电梯主机停止运转。过去曾用过没有电气安全开关的摆锤式和离心压杆限速器，现都应停止使用。

限速器上调节甩块或摆锤动作幅度（也是限速器动作速度）的弹簧，在调整后必须有防止螺母松动的措施，并予以铅封，压绳机构、电气触点触动机构等调整后，也要有防止松动的措施和明显的封记。

限速器上的铭牌应标明使用的工作速度和整定的动作速度，最好还应标明限速器绳的最大张力。

安全钳装置包括安全钳本体、安全钳提拉联动机构和电气安全触点。安全钳连杆系统如图 2-48所示。

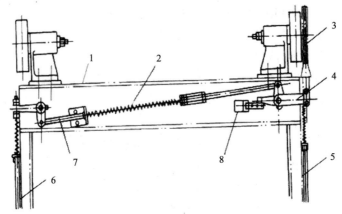

图 2-48　安全钳连杆系统

1—轿厢上梁；2—复位弹簧；3—限速器绳；4—拉手；

5、6—安全钳拉条；7—连杆系统；8—安全钳开关

安全钳及其操纵机构一般均安装在轿厢上梁上。安全钳座装设在轿厢架下梁内，楔块在安全钳动作时夹紧导轨使轿厢制停。复位弹簧使拉杆不能自动复位，只有在松开安全钳并排除故障之后，靠手动才能使其复位。

电气安全开关应符合安全触点的要求，有关规定要求安全钳释放后需经称职人员调整后电梯方能恢复使用，所以安全钳电气安全开关一般应是非自动复位的。必须认真调整主动杠杆上的打板与开关的距离和相对位置，以保证安全开关准确动作。

提拉联动机构一般都安装在轿厢顶，也有安装在轿厢底的，此时应将电气安全开关设在从轿厢顶可以恢复的位置。

安全钳按结构和工作原理可分为瞬时式安全钳和渐进式安全钳。

1）瞬时式安全钳

瞬时式安全钳的动作元件有楔块、滚柱。其工作特点是：制停距离短，基本是瞬时制停，动作时轿厢承受很大冲击，导轨表面也会受到损伤。滚柱型的瞬时安全钳制停时间约 0.1 s，而双楔块瞬时安全钳的制停时间最少只有 0.01 s 左右，整个制停距离只有几毫米至几十毫米。轿厢的最大制停减速度在 $5 \sim 10$ g（g 为重力加速度）。所以有关标准规定瞬时式安全钳只能用于额定速度不大于 0.63 m/s 的电梯。

图 2-49 所示是使用最广泛的楔块瞬时式安全钳。钳体一般由铸钢制成，安装在轿厢的下梁上。每根导轨由两个楔型钳块（动作元件）夹持，也有只用一个楔块单边动作的。安全钳的楔块一旦被拉起与导轨接触楔块自锁，安全钳的动作就与限速器无关，在轿厢继续下行时，楔块将越来越紧。

2）渐进式安全钳

渐进式安全钳与瞬时式安全钳在结构上的主要区别在于动作元件是弹性夹持的，在动作时，动作元件靠弹性夹持力夹紧在导轨上滑动，靠与导轨的摩擦消耗轿厢的动能和势能。有关标准要求轿厢制停的平均减速度在 $0.2 \sim 1.0$ g 之间，所以安全钳动作时，轿厢必须有一定的制停距离。

当额定速度大于 0.63 m/s 或轿厢装设数套安全钳装置时，都应采用渐进式安全钳。对重

安全钳若速度大于 $1.0m/s$，也应用渐进式安全钳。

图 2-50 所示是楔块渐进式安全钳结构示意图。其动作元件为两个楔块，但其与导轨接触的表面没有加工成花纹，而是开了一些槽，背面有滚轮组以减少楔块与钳座的摩擦。

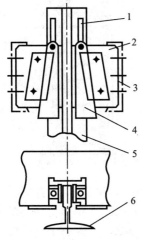

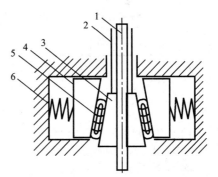

图 2-49　楔块瞬时式安全钳
1— 拉杆；2—安全钳座；3—轿厢下梁；
4—楔（钳）块；5—导轨；6—盖板

图 2-50　楔块渐进式安全钳结构示意图
1— 导轨；2—拉杆；3—楔块；
4—钳座；5—滚珠；6—弹簧

当限速器动作楔块被拉起夹在导轨上时，由于轿厢仍在下行，楔块就继续在钳座的斜槽内上滑，同时将钳座向两边挤开。当上滑到限位停止时，楔块的夹紧力达到预定的最大值，形成一个不变的制动力，使轿厢的动能与势能消耗在楔块与导轨的摩擦上，轿厢以较低的减速度平滑制动。最大的夹持力由钳尾部的弹簧调定。

2.6.2　缓冲装置

电梯由于控制失灵、曳引力不足或制动失灵等发生轿厢或对重蹲底时，缓冲器将吸收轿厢或对重的动能，提供最后的保护，以保证人员和电梯结构的安全。

缓冲器分蓄能型缓冲器和耗能型缓冲器。前者主要以弹簧和聚氨酯材料等为缓冲元件，后者主要是油压缓冲器。

当电梯额定速度很低（如小于 $0.4m/s$）时，轿厢和对重底下的缓冲器也可以使用实体式缓冲块来代替，其材料可用橡胶、木材或其他具有适当弹性的材料制成。但使用实体式缓冲块也应有足够的强度，能承受具有额定载荷的轿厢（或对重），并以限速器动作时的规定下降速度冲击而无损坏。

1. 弹簧缓冲器

1）弹簧缓冲器的结构及其形式

弹簧缓冲器的构造如图 2-51 所示，一般由缓冲橡皮、缓冲座、弹簧、弹簧座等组成，用地脚螺栓固定在底坑基座上。

为了适应大吨位轿厢，压缩弹簧可由组合弹簧叠合而成。行程高度较大的弹簧缓冲器，为了增强弹簧的稳定性，在弹簧下部设有导套或在弹簧中设导向杆，有弹簧导套的弹簧缓冲器如图 2-52 所示。

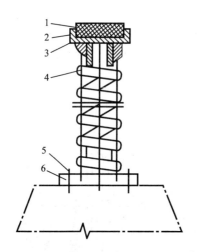

图 2-51　弹簧缓冲器的构造

1— 螺钉及垫圈；2—缓冲橡皮；3—缓冲座；

4—弹簧；5—地脚螺栓；6—底坑基座

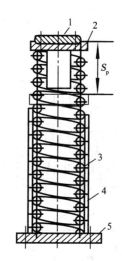

图 2-52　有弹簧导套的弹簧缓冲器

1— 橡胶缓冲垫；2—上缓冲座；

3—弹簧；4—弹簧套；5—底座；

S_p——上、下缓冲座的距离

2）弹簧缓冲器的工作原理和特点

弹簧缓冲器是一种蓄能型缓冲器，因为弹簧缓冲器在受到冲击后，将轿厢或对重的动能和势能转化为弹簧的弹性变形能（弹性势能）。由于弹簧的反力作用，使轿厢或对重得到缓冲、减速。但当弹簧压缩到极限位置后，弹簧释放缓冲过程中的弹性变形能使轿厢反弹上升，撞击速度越高，反弹速度越大，并反复进行，直至弹力消失、能量耗尽，电梯才完全静止。

因此弹簧缓冲器的特点是缓冲后存在回弹现象，存在着缓冲不平稳的缺点，所以弹簧缓冲器仅适用于额定速度小于 1m/s 的低速电梯。

2. 聚氨酯缓冲器

近年来，人们为了克服弹簧缓冲器容易生锈、腐蚀等缺陷，开发出了聚氨酯缓冲器。聚氨酯缓冲器是一种新型缓冲器，具有体积小，重量轻，软碰撞、无噪声，防水、防腐、耐油，安装方便，易保养好维护，可减少底坑深度等特点，近年来在中、低速电梯中得到应用。聚氨酯缓冲器如图 2-53 所示。

图 2-53　聚氨酯缓冲器

3. 油压缓冲器

常用的油压缓冲器的外观及结构示意图如图 2-54 所示（该图为半剖视的立面图）。它的基本构件是缸体 9、柱塞 4、缓冲橡胶垫 1 和复位弹簧 3 等。缸体内注有缓冲器油 12。

其工作原理是：当油压缓冲器受到轿厢和对重的冲击时，柱塞向下运动，压缩缸体内的油，油通过环形节流孔喷向柱塞腔。当油通过环形节流孔时，由于流动截面积突然减小，就会形成涡流，使液体内的质点相互撞击、摩擦，将动能转化为热量散发掉，从而消耗了电梯的动能，使轿厢或对重逐渐缓慢地停下来。因此油压缓冲器是一种耗能型缓冲器。它利用液体流动的阻尼作用，缓冲轿厢或对重的冲击。当轿厢或对重离开缓冲器时，柱塞在复位弹簧的作用下，向上复位，油重新流回油缸，恢复正常状态。

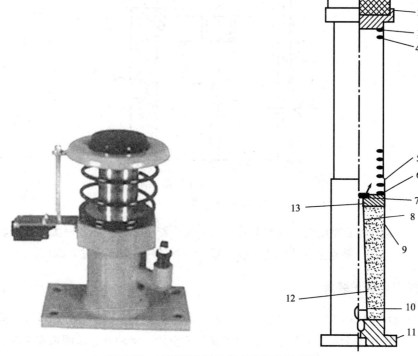

图 2-54　油压缓冲器的外观及结构示意图
1—缓冲橡胶垫；2—压盖；3—复位弹簧；4—柱塞；5—密封盖；6—油缸套；7—弹簧托座；
8—变量棒；9—缸体；10—放油口；11—油缸座；12—缓冲器油；13—环形节流孔

由于油压缓冲器是以消耗能量的方式实行缓冲的，因此无回弹作用。同时，由于变量棒的作用，柱塞在下压时，环形节流孔的截面积逐步变小，能使电梯的缓冲接近匀速运动。因而，油压缓冲器具有缓冲平稳的优点，在使用条件相同的情况下，油压缓冲器所需的行程可以比弹簧缓冲器减少一半。所以油压缓冲器适用于各种电梯。

复位弹簧在柱塞全伸长位置时应具有一定的预压缩力，在全压缩时，反力不大于 1 500 N，并应保证缓冲器受压缩后柱塞完全复位的时间不大于 120 s。为了验证柱塞完全复位的状态，耗能型缓冲器上必须有电气安全开关。安全开关在柱塞开始向下运动时即被触动切断电梯的安全电路，直到柱塞完全复位时开关才接通。

缓冲器油的黏度与缓冲器能承受的工作载荷有直接关系，一般要求采用有较低的凝固点和较高黏度指标的高速机械油。在实际应用中，不同载重量的电梯可以使用相同的油压缓冲器，而采用不同的缓冲器油，黏度较大的油用于载重量较大的电梯。

4. 缓冲器的安装

缓冲器一般安装在底坑的缓冲器座上。若底坑下是人能进入的空间，则对重在不设安全钳时，对重缓冲器的支座应一直延伸到底坑下的坚实地面上。

轿厢底下梁碰板、对重架底的碰板至缓冲器顶面的距离称缓冲距离，即图 2-55 中的 S_1 和 S_2。对蓄能型缓冲器应为 200～350 mm；对耗能型缓冲器应为 150～400 mm。

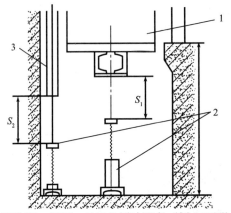

图 2-55　轿厢、对重的缓冲距离（剖立面图）
1— 轿厢；2—缓冲器；3—对重

油压缓冲器的柱塞铅垂度偏差不大于 0.5 %。缓冲器中心与轿厢和对重相应碰板中心的偏差不超过 20 mm。同一基础上安装的两个缓冲器的顶面高差，应不超过 2 mm。

2.6.3　其他安全保护装置

电梯安全保护系统中所配备的安全保护装置一般由机械安全保护装置和电气安全保护装置两大部分组成。机械安全保护装置主要有限速器和安全钳、缓冲器、轿厢顶安全窗、轿厢顶防护栏杆、护脚板等。

但是有一些机械安全保护装置往往需要和电气部分的功能配合和联锁，装置才能实现其动作和功效的可靠性，如层门的机械门锁必须和电开关联结在一起的联锁装置。

1）轿厢顶安全窗

安全窗是设在轿厢顶部的一个窗口。安全窗打开时，使限位开关的常开触点断开，切断控制电路，此时电梯不能运行。当轿厢因故障停在楼房两层中间时，驾驶人员可通过安全窗从轿厢顶以安全措施找到层门。安装人员在安装时，维修人员在处理故障时也可利用安全窗。由于控制电源被切断，可以防止人员出入轿厢窗口时因电梯突然启动而造成人身伤害事故。出入安全窗时，还必须先将电梯急停开关按下（如果有的话）或用钥匙将控制电源切断。为了安全，驾驶人员最好不要从安全窗出入，更不要让乘客出入。因安全窗窗口较小，且离地面有 2 m 多高，上下很不方便。停电时，轿厢顶上很黑，又有各种装置，易发生人身事故。也有的电梯不设安全窗，可以用紧急钥匙打开相应的层门上下轿厢顶。

2）轿厢顶防护栏杆

轿厢顶护栏是电梯维修人员在轿厢顶作业时的安全保护栏。有护栏可以防止维修人员不慎坠落井道。就实践经验来看，设置护栏时应注意使护栏外围与井道内的其他设施（特别是对重）保持一定的安全距离，做到既可防止人员从轿厢顶坠落，又避免因扶、倚护栏造成人身伤害事故。在维修人员安全工作守则中可以写入"站在行驶中的轿厢顶上时，应站稳扶牢，不倚、靠护栏"和"与轿厢相对运动的对重及井道内其他设施保持安全距离"字样，以提醒维修作业人员重视安全。

3）底坑对重侧护栅

为防止人员进入底坑对重下侧而发生危险，在底坑对重侧两导轨间应设防护栅。防护栅高度为（L）7 m 以上，距地 0.5 m 进行装设。宽度不小于对重导轨两外侧的间距，无论水平方向或垂直方向测量防护网空格或穿孔尺寸，均不得大于 75 mm。

4）轿厢护脚板

对于轿厢不平层，当轿厢地面（地坎）的位置高于层站地面时，会使轿厢与层门地坎之间产生间隙，这个间隙会使乘客的脚踏入井道，有发生人身伤害的可能。为此，国家标准规定，每一轿厢地坎上均需装设护脚板，其宽度是层站入口处的整个净宽。护脚板垂直部分的高度应不少于 0.75 m。垂直部分以下部分成斜面向下延伸，斜面与水平面的夹角大于 $60°$，该斜面在水平面上的投影深度不小于 20 mm。护脚板用 2 mm 厚铁板制成，装于轿厢地坎下侧且用扁铁支撑，以加强机械强度。

5）盘车手轮

盘车手轮是用来转动电动机主轴的轮状工具（有的电梯装有惯性轮，也可操纵电动机转动）。操作时首先应切断电源由两人操作，即一人操作制动器扳手，一人盘动手轮。两人需配合好，以免因制动器的抱闸被打开而未能把住手轮，致使电梯因对重的重量而造成轿厢快速行驶。一人打开抱闸，一人慢速转动手轮，使轿厢向上移动，当轿厢移到接近平层位置时即可。制动器扳手和盘车手轮平时应放在明显位置并应涂以红漆以醒目。

技术与应用——电梯的报警和救援装置

电梯发生人员被困在轿厢内时，通过报警或通信装置应能将情况及时通知管理人员并通过救援装置将人员安全救出轿厢。

1. 报警装置

电梯必须安装应急照明和报警装置，并由应急电源供电。低层站的电梯一般安设警铃，警铃安装在轿厢顶或井道内，操作警铃的按钮应设在轿厢内操纵箱的醒目处，上有黄色的报警标志。警铃的声音要急促响亮，不能与其他声响混淆。

提升高度大于 30 m 的电梯，轿厢内与机房或值班室应有对讲装置，也由操纵箱面板上的按钮控制。目前大部分对讲装置接在机房，而机房又大多无人看守，这样在紧急情况时，管理人员不能及时知晓。所以凡机房无人值守的电梯，对讲装置必须接到管理部门的值班处。

除了警铃和对讲装置，轿厢内也可设内部直线报警电话或与电话网连接的电话。此时轿厢内必须有清楚、易懂的使用说明，告诉乘员如何使用和应拨的号码。

轿厢内的应急照明必须有适当的亮度，在紧急情况时，能看清报警装置和有关的文字说明。

2. 救援装置

电梯困人的救援以往主要采用自救的方法，即轿厢内的操纵人员从上部安全窗爬上轿厢顶将层门打开。随着电梯的发展，无人员操纵的电梯被广泛使用，采用自救的方法不但十分危险，而且几乎不可能。因为作为公共交通工具的电梯，乘员十分复杂，电梯故障时乘员不可能从安全窗爬出，就是爬上了轿厢顶也打不开层门，反而会发生其他的事故。因此现在电梯从设计上就决定了救援必须从外部进行。

救援装置包括曳引机的紧急手动操作装置和层门的人工开锁装置。在有层站不设门时还可在轿厢顶设安全窗，当两层站地坎距离超过 11 m 时，还应设井道安全门，若同井道相邻电梯轿厢间的水平距离不大于 0.75 m 时，也可设轿厢安全门。

机房内的紧急手工操作装置，应放在拿取方便的地方，盘车手轮应漆成黄色，开闸扳手应漆成红色。为使操作时知道轿厢的位置，机房内必须有层站指示。最简单的方法就是在曳引绳上用油漆做上标记，同时将标记对应的层站写在机房操作地点的附近。

若轿厢顶设有安全窗，安全窗的尺寸应不小于 0.35 m×0.5 m，强度应不低于轿壁的强度。窗应向外开启，但开启后不得超过轿厢的边缘。窗应有锁，在轿内要用三角钥匙才能开启，在轿外，则不用钥匙也能打开，窗开启后不用钥匙也能将其半闭和锁住。窗上应设验证锁紧状态的电气安全触点，当窗打开或未锁紧时，触点断开切断安全电路，使电梯停止运行或不能启动。

井道安全门的位置应保证至上下层站地坎的距离不大于 11 m。要求门的高度不小于1.8 m，宽度不小于 0.35 m，门的强度不低于轿壁的强度。门不得向井道内开启，门上应有锁和电气安全触点，其要求与安全窗一样。

现在一些电梯安装了电动的停电（故障）应急装置，在停电或电梯故障时自动接入。装置动作时以蓄电池为电源向电机送入低频交流电（一般为 5 Hz），并通过制动器释放。在判断负载力矩后按力矩小的方向快速将轿厢移动至最近的层站，自动开门将人放出。应急装置在停电、中途停梯、冲顶蹲底和限速器与安全钳动作时均能自动接入，但若是门未关或门的安全电路发生故障，则不能自动接入移动轿厢。

技能与实训——限速器的安装与调整

一、技能目标
掌握限速器的安装与调整方法。

二、实训材料
活扳手、锤子、钢凿、膨胀螺栓等。

三、操作步骤
（1）限速器应装在井道顶部的楼板上，如预留孔不合适，在剔楼板时应注意防止破坏楼板强度，剔孔不可过大，并应在楼板上，用厚度不小于 12 mm 的钢板制作一个底座，将限速器和底座用螺栓固定。若楼板厚度小于 120 mm，应在楼板下再加一块钢板，采用穿钉螺栓固定。

限速器也可通过在其底座设一块钢板为基础板，固定在承重钢梁上。基础钢板与限速器底座用螺栓固定，该钢板与承重钢梁可用螺栓或采用焊接方式定位。

（2）根据安装图所给的坐标位置，由限速器轮槽中心向轿厢拉杆上绳头中心吊一垂线，同时由限速轮另一边绳槽中心直接向张紧轮相应的绳槽中心吊一垂线，调整限速器位置，使上述两对中心在相应的垂线上，位置即可确定。然后在机房楼板对应位置打上膨胀螺栓，将限速器就位，再一次进行调整，使限速器的位置和底座的水平度都符合要求，然后将膨胀螺栓紧固。

四、综合评价

限速器的安装与调整综合评价表如表 2-9 所示。

表 2-9　限速器的安装与调整综合评价表

序　号	主　要　内　容		评　分　标　准	配　分	扣　分	得　分
1	限速器的安装		剔楼板时不能破坏楼板强度，剔孔过大，扣 20 分	35		
			制作底座的钢板厚度小于 12 mm，扣 10 分			
			限速器轮的垂直误差大于 0.5 mm，扣 5 分			
2	限速器的调整		钢丝绳和导管的内壁小于 5 mm 以上间隙，扣 10 分	30		
			限速器上没有标明与安全钳动作相应的旋转方向，扣 20 分			
3	安装固定		固定的部件不牢固可靠，每处扣 5 分	25		
4	职业规范团队合作	安全文明生产	违反安全文明操作规程，扣 3 分	10		
		组织协调与合作	团队合作较差，小组不能配合完成任务，扣 3 分			
		交流与表达能力	不能用专业语言正确、流利地简述任务成果，扣 4 分			
合　计				100		

小　　结

 回忆一下，下面列举的电梯各机械部件的构成你记住了吗？

（1）电梯的机械系统由驱动系统（曳引系统）、轿厢和对重装置、引导系统、轿厢门和开关门系统、机械安全保护系统等组成。

（2）电梯曳引驱动系统由曳引机、导向轮、曳引钢丝绳、曳引绳锥套等组成。

（3）轿厢一般由轿厢架和轿厢体构成。

（4）电梯平衡装置由对重和补偿装置构成。

（5）电梯的门系统主要包括轿门（轿厢门）、厅门（层门）、开关门结构、安全装置及附属的零部件。

（6）电梯的机械安全保护装置主要由限速器和安全钳、缓冲装置及护脚板等组成。

 告诉我，这些电梯部件的安装方法你能描述出来吗？

（1）曳引电梯钢丝绳如何安装？

（2）电梯轿厢如何安装？

(3) 电梯对重如何安装?

(4) 电梯厅门如何安装?

(5) 电梯导轨如何调整?

(6) 电梯限速器如何安装?

 注意, 这些内容与你后续知识的学习关系紧密。

(1) 电梯对重的计算方法。

(2) 电梯各部件所处的位置及作用。

(3) 电梯的运行工作原理。

练 习

1. 判断题（对的打√，错的打×）

(1) 联轴器的外圆，即为曳引机电磁制动器的制动面。 （   ）

(2) 曳引机即曳引电动机。 （   ）

(3) 电梯平衡系数偏大时，应在对重架上增加对重块。 （   ）

(4) 电梯曳引钢丝绳的公称直径不应小于 8 mm。 （   ）

(5) 杂物电梯轿厢上必须设安全钳装置。 （   ）

(6) 轿厢如设有安全窗，应朝轿厢内开启，且从轿厢内用手可以直接打开。 （   ）

(7) 每个导轨至少设有两个导轨架，其间距应不大于 3 m。 （   ）

(8) 曳引钢丝绳的张力不均匀是造成钢丝绳和绳槽过快磨损的主要原因之一。 （   ）

(9) 电梯轿厢可以不设置安全窗。 （   ）

(10) 轿厢内报警装置标志应为电话象形图。 （   ）

2. 选择题

(1) 制动器部件的闸瓦组件应分两组装设，如果其中一组不起作用，制动轮上仍能获得足够的制动力，使载有（   ）的额定载重量的轿厢减速。

        A. 100%   B. 125%   C. 150%   D. 110%

(2) 曳引钢丝绳常漆有明显标记，这是（   ）标记。

        A. 换速   B. 平层   C. 加油   D. 检修

(3) （   ）之间产生的摩擦力使得曳引式电梯的轿厢上下运行。

        A. 电动机与安全钳   B. 导轨与导靴

        C. 张紧轮与钢丝绳   D. 曳引轮与钢丝绳

(4) 当相邻两层地坎之间距离超过（   ）m 时，应设置井道安全门，或相邻轿厢安全门。

        A. 10   B. 11   C. 13   D. 14

(5) 门滑轮固定在门扇上方，每个门扇至少装有（   ）只。

        A. 1   B. 2   C. 3   D. 4

(6) 2∶1 绕法的电梯钢丝绳线速度是轿厢提升速度的（   ）。

        A. 一半   B. 相同   C. 2 倍   D. 4 倍

(7) 若额定速度大于（　　　），对重安全钳装置应是渐进式。其他情况下，可以是瞬时式。

  A. 0.63m/s   B. 1m/s   C. 1.5m/s   D. 1.75m/s

(8) 滚轮导靴在导轨面上加润滑油会导致（　　　）。

  A. 滚轮更好地转动 B. 滚轮打滑

  C. 减少噪声   D. 更好地工作

(9) 轿厢导轨接头处台阶应不大于（　　　）mm。

  A. 0.01   B. 0.02   C. 0.05   D. 0.5

(10) 滚动导靴通常用于（　　　）。

  A. 低速电梯   B. 中速电梯   C. 高速电梯   D. 所有电梯

3. 填空题

(1) 轿厢顶护栏应装设在距轿厢顶边缘最大_____ m 之内。

(2) 端站平层时，蓄能型缓冲器顶部与撞板之间的距离为_____。

(3) 门刀与各层层门地坎的间隙应为_____ mm。

(4) _____是当轿厢或对重超过下极限位置时，用来吸收轿厢或对重装置所产生动能的安全装置。

(5) 电梯运行时，层门_____（可以、不可以）用手从外面扒开。

(6) 制动器线圈断电时，制动器_____。

(7) 电梯电动机和减速箱之间的连接方式一般采用_____连接。

(8) 蓄能型缓冲器适用于_____的电梯。

(9) 电梯的底坑深度主要与_____有关。

(10) 电梯补偿链的作用是_____。

4. 简答题

(1) 简单叙述电梯机械系统的组成及相互之间的连接关系。

(2) 对重的作用是什么？

(3) 简单叙述电梯限速器的工作原理。

(4) 简单叙述电梯制动器的工作原理。

5. 计算题

某电梯轿厢质量为 800 kg，额定载重量为 1 000 kg，对重架质量为 100 kg，对重砣每块质量为 100 kg，如果该电梯的平衡系数为 0.5，应安放几块重砣？

第3章

 电梯的电气控制系统

电气控制系统是电梯的动力源，是电梯的运行控制管理中心。它由控制柜、操纵箱、指层灯箱、召唤箱、轿厢顶检修箱、端站装置、底坑检修箱等十多个部件及分散安装在相关机械部件中的曳引电动机、制动器线圈、开关门电动机及其调速控制装置、限速器开关、限速器绳张紧装置开关、安全钳开关、缓冲器开关及各种安全防护按钮和开关等组成。与机械系统比较，电梯的电气控制系统非常灵活，对于一台电梯，如果它的类别、额定载重量和额定运行速度确定后，机械系统的主要零部件就基本确定了，而电气控制系统则还有比较大的选择空间，须根据电梯的安装地点、乘载对象、整机性能要求、功能要求对拖动方式、控制方式等进行认真选择，才能发挥电梯的最佳使用效果。

电梯的电气控制系统种类比较多，不同的控制系统，控制方法不同，比较复杂。本章介绍电梯电气控制系统的主要器件和常见的一些电梯电气控制系统。

学习目标

- 了解电梯的电气控制系统的分类。
- 掌握电梯的电气控制系统的主要器件。
- 掌握常见的电梯电气控制系统。

3.1 电梯电气控制系统的分类

➤ 本节主要介绍电梯的电气控制系统的分类。

观察与思考

电梯的电气控制系统如何分类？电梯电气控制系统种类繁多，分类比较烦琐，不同的角度分类不同，一般分为按控制方式分类、按用途分类、按拖动系统类别和控制方式分类和按管理方式分类。

1．按控制方式分类

1）轿内手柄开关控制电梯的电气控制系统

该系统必须设置专职的电梯驾驶人员，驾驶人员通过轿内操纵箱上的手柄开关，控制电梯的运行。

2）轿内按钮控制电梯的电气控制系统

该系统必须设置专职的电梯驾驶人员，电梯驾驶人员通过轿内操纵箱上的按钮，控制电梯的运行。

3）轿外按钮控制电梯的电气控制系统

该系统不设专职驾驶人员，由使用人员通过厅门外操纵箱上的按钮，控制电梯运行的电气控制系统，一般用于杂物电梯。

4）轿内外按钮控制电梯的电气控制系统

该系统不设专职驾驶人员，由乘用人员自行通过厅门外召唤箱或轿内操纵箱的按钮，控制电梯的运行。

5）信号控制电梯的电气控制系统

该系统有专职驾驶人员，由厅门外召唤箱发出外指令信号或轿内操纵箱发出内指令信号与井道信息装置检测到的电梯轿厢位置信号比较后，自动确定电梯的运行方向，具有顺向截梯等功能，自动化程度比较高，适合客流量大的宾馆、饭店、写字楼里的电梯等。

6）集选控制电梯的电气控制系统

该系统的电梯具有"驾驶人员控制、无驾驶人员控制、检修慢速运行"3 种控制运行模式。这种控制系统具有信号控制电梯的电气控制系统和轿内外按钮控制电梯的电气控制系统的功能，是一种比较完善的控制系统，是乘客电梯的首选。

7）两台并联控制运行的电梯电气控制系统

该系统两台电梯并列控制应用，两台集选控制电梯共用厅外召唤信号，由两台电梯的微机或 PLC 适时通信联系，调配和确定两台电梯的启动、向上或向下运行。

8）群控电梯的电气控制系统

该系统多台集选控制电梯并列或对面并列使用，共用一个候梯厅和若干个外召唤信号，由微机按预设定的程序自动调配，确定其运行状态。

2. 按用途分类

1）载货电梯的电气控制系统

它适用于低层站的生产车间、厂房里运送货物，运行速度比较慢，一般采用交流双速电机拖动。随着科技和社会的发展，载货电梯的自动化程度也出现提高的趋势。

2）杂物电梯的电气控制系统

杂物电梯的运送对象主要是图书、饭菜等物品，其安全设施不够完善，不允许承载人，额定载质量为 100～300kg。

3）乘客、住宅、病床电梯的电气控制系统

此类电梯用于多层站（如客流量大的宾馆、饭店、医院、写字楼和住宅楼里），具有比较高的运行速度和自动化程度。其多采用单台集选控制、两台并联和群控的电气控制系统。

3. 按拖动系统类别和控制方式分类

（1）交流单速电动机直接启动轿外按钮控制电梯的电气控制系统：适用于杂物电梯的电气控制系统。

（2）交流双速、轿内按钮控制电梯的电气控制系统：适用于额定运行速度≤0.63 m/s 的一般载货电梯的电气控制系统。

（3）交流双速、轿内外按钮控制电梯的电气控制系统：适用于客流量不大，乘员相对稳定，额定运行速度≤0.63m/s，作为员工上下楼或运送货物的客货电梯的电气控制系统。

（4）交流双速、集选控制电梯的电气控制系统：适用于额定运行速度≤0.63 m/s，低层站，客流量变化较大的医院、住宅楼、办公楼或写字楼的电梯电气控制系统。

（5）交流双速电动机 ACVV 拖动、集选控制电梯的电气控制系统：采用交流双速电动机作为曳引电动机，设有曳引电动机调压变速的控制装置，控制方式为集选控制，适用于额定运行速度≤1.75 m/s，层站较多的宾馆饭店、医院、写字楼、办公楼、住宅楼等的电梯电气控制系统。

（6）直流电动机拖动、集选控制电梯的电气控制系统：采用直流电动机作为曳引电动机，设有对曳引电动机进行调压调速的控制装置，起、制动过程的速度变化率连续可调、平稳、舒适感好，平层准确度高。但需设直流发电机—电动机组，发电机和直流曳引电动机均有电刷，但其维修费用比较高。曾应用于我国额定运行速度≤4.0m/s、多层站的宾馆饭店、医院、写字楼、办公楼等的电梯电气控制系统。

（7）交流单速电动机 VVVF 拖动、集选控制电梯电气控制系统：采用交流单绕组单速电动机作为曳引电动机，设有调频调压调速装置，起、制动过程的速度变化率连续可调、平稳、舒适感好，平层准确，有较好的节能效果，适用于各种速度和层站等的电梯电气控制系统。

（8）永磁同步电动机 VVVF 拖动、集选控制电梯电气控制系统：改变了电梯传统的"电动机→减速箱→曳引轮→负载（轿厢和对重）"的曳引驱动模式，比交流电动机 VVVF 拖动电梯节能 20%～25%，环保效果好，是近两年宾馆、饭店、写字楼、办公楼、住宅楼、医院首选的电梯电气控制系统。

（9）交流单速电动机 VVVF 或永磁同步电动机 VVVF 拖动、两台集选控制电梯做并联运行或 3 台以上集选控制电梯做群控运行的电梯电气控制系统，多应用于宾馆、饭店、写字楼、办公楼、住宅楼、医院内两台或 3 台并列电梯的电气控制系统。

4. 按管理方式分类

1）有专职驾驶人员控制电梯电气控制系统

轿内手柄开关控制、轿内按钮开关控制、信号控制电梯电气控制系统是需要设置专职驾驶人员的电梯电气控制系统。

2）无专职驾驶人员控制电梯电气控制系统

轿外按钮开关控制、轿内按钮开关控制电梯电气控制系统是不需要设置专职驾驶人员的电梯电气控制系统。

3）有/无专职驾驶人员控制电梯电气控制系统

集选控制电梯的电气控制系统就是有/无专职驾驶人员控制电梯电气控制系统。该控制系统采用专用钥匙扭动钥匙开关或扳动开关，将电梯置于有驾驶人员控制、无驾驶人员控制、检修慢速运行控制 3 种运行模式，以适应不同乘载任务或电梯保养维修工作。

3.2　电梯常见拖动方式及电梯的速度曲线

➢ 本节主要介绍电梯常见的拖动方式。
➢ 本节简单介绍电梯的理想速度曲线。

观察与思考

电梯的拖动系统有什么作用？电梯的拖动系统是电梯的动力来源，对电梯的启动加速、稳速运行、制动减速起着控制作用。常见的电梯拖动系统有哪些？常见的电梯拖动系统有直流拖动系统、交流变极调速拖动系统、交流调压调速拖动系统、交流变频变压调速拖动系统。

3.2.1　电梯拖动系统的要求

电梯拖动系统的优劣直接影响启动、制动、加速、平层精度和乘坐的舒适度。它要求具有足够的驱动力和制动力，能够驱动轿厢、轿厢门及厅门完成必要的运动和可靠的静止；电梯运动中有正确的速度控制，保证良好的舒适性和平层准确度；拖动系统动作要灵活，运行要可靠、平稳、高效节能，使电梯的性能指标安全、稳定、准确、舒适和效率性。这就要求电梯的拖动系统具有以下要求。

1．较宽的调速范围

较宽的调速范围，可以使得速度过度平滑，既可以保证电梯运行快的要求，又可以满足电梯停止前具有较低的速度，从而保证有足够好的平层准确度和舒适度。

2．对启动和制动过程必须加以控制

为了保证电梯既有一定的额定速度，又有高的平层准确度和乘坐舒适感，电梯拖动系统的运行过程必须加以适当的控制，以实现电梯平稳、舒适地运行。

3．较高的控制精度

电梯对控制精度要求比较高，在负载经常改变的情况下，必须要控制电梯拖动系统的机械特性硬度，保证负载变化时，电梯的额定速度和停车前的速度保持不变或是变化很小。

3.2.2　目前常见的电梯拖动系统

1．直流拖动系统

直流拖动系统采用直流电动机作为曳引机，使用闸流晶体管（以下简称"晶闸管"）励磁装置进行调压调速，起、制动过程速度变化率连续、可调、平稳，舒适感好，平层精准度高。但其体积大、效率低、能耗高、噪声大、维修费用高等，20 世纪 80 年代末我国已经明令停止生产。

2．交流变极调速拖动系统

交流变极调速拖动系统采用双速或是多速电机作为动力，变速采用改变电机的极对数。电梯曳引电机启动时，采用在电机快速绕组串入电抗器实现降压启动。到达准备停靠站的换

速点时，采取切断电机快速绕组电源，并经电抗器接通慢速绕组电源实现再生制动，均通过电抗器控制启动过程和减速过程的乘坐舒适感。该系统结构简单、维修方便、成本低廉、舒适感差，多用于载货电梯。

3. 交流调压调速拖动系统

交流调压调速拖动系统在运行过程中，调速器的微机依电梯轿厢运行速度和位置数值与内存的给定速度曲线值对结果进行比较，适时控制晶闸管组施加在曳引电机快速绕组上的三相电源，使电梯轿厢按给定的理想速度曲线运行，采用直流能耗制动，电梯运行过程的管理和过程控制由 PLC 或微机适时管理控制，有较好的运行舒适感，优于双速电机，适用于中速电梯，但能耗大、电机发热大、需配温度保护装置。随着变频技术的出现，正逐步被淘汰。

4. 交流变频变压调速拖动系统

交流变频变压调速拖动系统由变频器按速度曲线要求，为曳引电机提供频率、电压连续可调的三相交流电源，采用 PLC 或电梯专用微机控制系统，控制电梯按预定要求的速度曲线运行。其具有运行舒适感好、平层精度高、节能、可靠性高等优点，适用于各种速度和层站的电梯，是发展的必然趋势。

3.2.3 电梯的速度曲线

理想的运行（速度）曲线是各类调速电梯自动控制的关键所在，恰当地加速启动与减速制动则是均衡兼顾安全曳引条件、乘坐舒适程度、运行效率、节能降耗的根本保证。科学试验和生活经历表明，人体对垂直升降速度的变化比水平运动要敏感得多。电梯速度曲线的陡坡、斜率、拐弯，即启动与制动阶段的加/减速度及其变化率对人体的生理冲击和震撼最大。

图 3-1 是交流双速电梯的运行速度曲线。图 3-1 中反映了电梯从启动、加速、满速运行、到站提前换速、慢速爬行、平层停靠等过程中，变化着的电梯运行速度与运行距离之间的对应关系。

图 3-1 中，B 点称为换速点，D 点为平层停靠点。曲线 $OABCD$ 在横坐标上的投影中，BC 段为换速距离，CD 段为平层前的慢速爬行距离。曲线 OA 段和 BC 段的斜率，决定着电梯在启动过程和换速过程的舒适感，这对电梯的调速有着较高的要求。

电梯乘坐舒适感和运行效率是相互矛盾的两个方面。理论研究和实践经验证明，电梯自动操作的技术关键与难点之一，是效率和舒适拐点的划分取舍，最终归结为对启动与制动阶段的调制掌控，使在追求效率的前提下注重舒适、在讲究舒适的基础上提高效率，在调试过程中必须同时兼顾，做到既有比较满意的乘坐舒适感，又有比较高的运行工作效率。

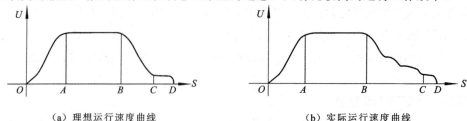

（a）理想运行速度曲线　　　　　　　（b）实际运行速度曲线

图 3-1　交流双速电梯的运行速度曲线

技术与应用——电梯拖动系统的应用要求

电梯拖动系统的核心部件是电动机，主要有主拖动电动机和门驱动电动机两类。主拖动电动机是指驱自电梯轿厢及其平衡装置（俗称对重装置）上、下运行的电动机，简称曳引电动机。门驱动电动机是指驱动电梯轿厢门及其层门（俗称厅门）同步开启或关闭的电动机。

对于电梯主拖动电动机和曳引电动机拖动系统，由于轿厢乘载对象的不同，对曳引电动机的运行要求和过程控制有很大区别。举例如下。

（1）对于轿厢不允许人员进入，只允许运送图书、饭菜、杂物的小型杂物电梯拖动系统就比较简单，只需控制交流单速曳引电动机做正、反转启动运行、到达准备停靠层站平层时断电施闸停靠，就能满足运送货物的要求。

（2）对于以运载货物为主，又有装卸人员伴随的载货电梯、货客电梯，其运行速度比杂物电梯要快些，又有人员乘用，对电梯的乘用安全、可靠、舒适等方面均有比较高的要求，对于这种电梯，曳引电动机交流双速电动机，启动时采用快速绕组降压启动，到达准备停靠层站的提前换速点时再把快速运行切换为慢速运行，平层时采用断电施闸强迫停靠的拖动方式。

（3）对于主要以人为乘载对象的乘客电梯，对运行过程中的安全、可靠、快捷、舒适等方面有着更高的要求，对曳引电动机及其拖动系统的要求也就更高。电梯预先设定一条或一组运行速度曲线，采用必要的手段确保电梯曳引电机按设定的速度曲线运行，并适时检测、跟踪控制装置，在运行过程中如偏离速度曲线时可以及时纠正。这种拖动系统控制精确，抗干扰能力强，适合设备要求高的场合使用。

3.3　电梯常见的调速系统

➤ 本节主要介绍电梯常见的调速系统及其工作原理。

　观察与思考

电梯有哪些常见的调速系统？电梯常见的调速系统有直流调速系统、交流变极调速系统、交流调压调速系统（ACVV）、交流变压变频调速系统（VVVF）。

3.3.1　直流调速系统

直流调速系统调速具有平滑性好、范围广、噪声小等优点，能满足电梯的舒适度和速度要求，但是直流电动机的结构复杂、制造和维修困难、体积大且造价高，经济性较差。随着其他变频技术的发展，其已有逐步被淘汰的趋势。

图 3-2 所示为直流电动机的原理图。根据其工作原理可以列出电动势平衡方程：

$$E_a = U_a - I_a (R_a + R_t)$$

$$E_a = C_e \phi n$$

故直流电动机的转速可表示为

$$n = \frac{U_a - I_a(R_a + R_t)}{C_e\phi} \tag{3-1}$$

式中　E_a——电动机感应电动势；

　　　　U_a——外加电压；

　　　　I_a——电枢电流；

　　　　R_a——电枢电阻；

　　　　R_t——调整电阻；

　　　　n——转速；

　　　　C_e——电势常数；

　　　　ϕ——励磁磁通。

从式（3-1）可以看出直流电动机的转速与外加电压成正比，所以，可以通过改变端电压的方法来进行调速。由于这种调速已有逐步被淘汰的趋势，本书在此不再详细讲解。

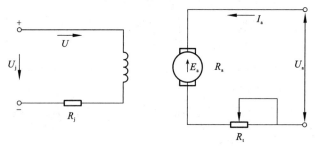

图 3-2　直流电动机的原理图

3.3.2　交流变极调速系统

由电机学原理可知，三相异步电动机的转速 n 的数学表达式为

$$n = \frac{60f}{p}(1-s) \tag{3-2}$$

式中　n——电动机转速，r/min；

　　　　f——电源的频率；

　　　　p——定子绕组的磁极对数；

　　　　s——转差率。

由式（3-2）可知，通过改变磁极对数 p 就可以改变转速，但是变极调速是一种有级调速，舒适度较差，调速范围不大，同时增加过多的电动机极数，电动机的外形尺寸势必会显著增大。一般电梯变极调速使用最多的是双速电动机，双速电动机有双绕组型和单绕组型两种。

1．双绕组型双速电动机

这种电动机比较简单，在电动机定子槽内嵌入两套定子绕组，如图 3-3（a）所示。它们各自独立，当三相电源接入 U2、V2、W2 绕组时，电动机具有 1 000 r/min 的同步转速，当三相电源接入 U1、V1、W1 绕组时，电动机则具有 250 r/min 的同步转速。但需要注意的是，由于两套绕组彼此独立，不能将两套绕组同时接入电源，也不能在一套绕组工作时将另一套绕组短路闭合，否则将造成电动机的损坏。

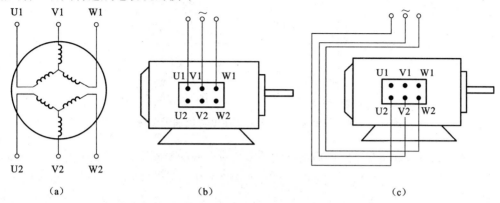

图 3-3　双绕组型双速电动机接线原理示意图

2．单绕组型双速电动机

这种双速电动机内只嵌放一套定子绕组，通过对这套定子绕组的不同接线就可得到不同的磁极对数。

电梯中常用单绕组型双速电动机定子绕组接线图如图 3-4 所示。由图 3-4 可见，定子绕组有 D1～D6 这 6 个接线端子，其中端子 D4、D5、D6 分别将每相绕组分成①、②两部分，在电动机未接电源时，三相绕组在电动机内接成一个丫形，中性点为 O。这种电动机有两种接线方式。

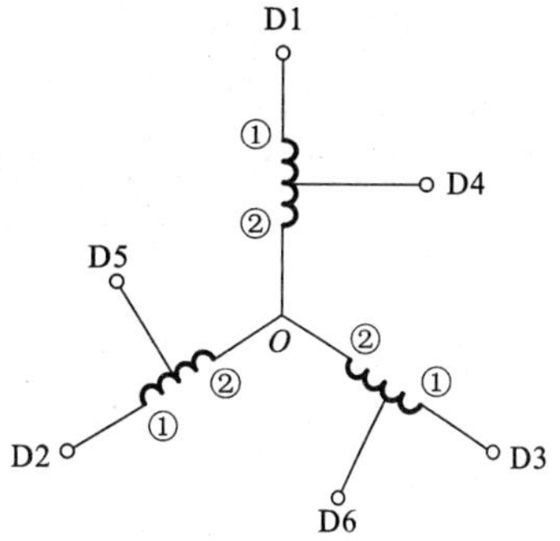

第一种接线方式：将 D1、D2、D3 这 3 个端子接三相电源，将 D4、D5、D6 这 3 个端子悬空，则三相定子绕组就按图 3-4 所示的丫形接线方式工作，每相绕组由两个线圈串联而成。

图 3-4　单绕组型双速电动机
定子绕组接线图

第二种接线方式：将定子绕组 D4、D5、D6 这 3 个端子加上三相交流电，同时将端子 D1、D2、D3 接于一点 O_1，如图 3-5 所示。从图 3-5 中看到，在这种接线方式下，原来做丫形连接的三相定子绕组变为丫丫形连接，显然此时每相绕组由两线圈①、②并联而成。

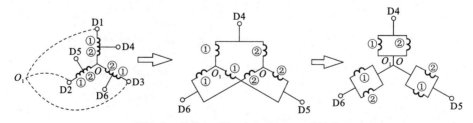

图 3-5　单绕组型双速电动机丫丫形接线

实际中电梯中常用的单绕组型双速电动机极数为 6/24 极，其绕组结构形式与图 3-4 和图 3-5 类似，接线方式为丫丫/丫，如图 3-6 所示，电动机高速时为丫丫（6 极，$p=3$）和低速时为丫（24 极，$p=12$）接线。

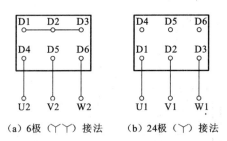

（a）6极（ＹＹ）接法　　（b）24极（Ｙ）接法

图 3-6　电梯用单绕组 6/24 极双速电动机端子接线示意图

　　为了减少电动机启动时的启动电流及减少对电网的影响，以及防止加速时产生冲击，改善启动的舒适感，通过串联电抗和电阻来实现平稳换速。如图 3-7 所示为双速电梯的主拖动系统结构原理图。快速绕组实现启动和稳速运行，慢速绕组实现制动减速和慢速平层停车。电梯启动时，KM_M 吸合，快速绕组接通，串联了电抗 X_H、R_H，减小了启动电流和对电网的影响，实现了平缓启动，增加了舒适感，当转速上升到一定程度时，KM_{A1} 吸合，短接 X_H、R_H，恒速运行。电梯减速制动时，切换至慢速绕组，KM_L 吸合，慢速绕组接通，串联了电抗 X_H、R_L，开始减速，随着速度的降低，KM_{A2}、KM_{A3} 依次吸合，分别短接电阻 R_L 和电抗 X_L，实现平滑减速。直到 KM_L 释放，电动机失电停止运行。

　　交流双速拖动系统线路简单、成本低、故障率低，但是其舒适度差，平层准确度也比较低，此系统广泛应用在运行速度较低、要求不高的场合，大部分应用于工厂的货梯。

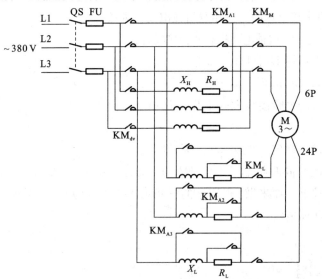

图 3-7　双速电梯主拖动系统结构原理图

3.3.3　交流调压调速系统（ACVV）

　　调压调速电动机要求启动转矩大，启动电流小，一般启动转矩是额定转矩的 2～3 倍，启动电流是额定电流的 2～2.5 倍。从电机学得知电动机的电磁力矩与定子电压的关系式为

$$M = \frac{m_1}{\omega_0} \cdot \frac{U_1^2 \cdot \dfrac{r'_2}{s}}{\left(r_1 + \dfrac{r_2}{s}\right)^2 + (X_1 + X'_2)} \tag{3-3}$$

式中 m_1——电动机定子绕组相数；

         ω_0——转子同步机械角速度；

         U_1——加在定子绕组上的电压；

         s——电动机转差率；

         r_1——定子绕组的电阻；

         r_2——折算到定子边的电阻；

         X_1——定子绕组的漏抗；

         X_2——折算到定子边的转子漏抗。

当定子与转子参数一定时，在转差率 s 一定时，电动机的电磁转矩 M 与加在电动机定子绕组上的电压 U_1 的平方成正比，即 M 正比于 U_1^2。M 发生变化，电动机的转速也将变化，实现转速的调节。

图 3-8 是交流双速电动机数字化 ACVV 拖动系统原理结构框图。电梯从启动运行至平层拖闸停靠等全过程中均采用闭环控制的拖动系统。光电脉冲来自于光电测速装置，用于速度检测，控制系统接收到电梯控制系统发出的启动信号后，电梯进行启动，通过光电检测装置检测速度，并通过闭环控制系统，适时地与检测到的速度进行比较，通过触发通道触发电动晶闸管或制动晶闸管工作，控制晶闸管的导通角，调节负载电压，控制电梯按给定速度曲线运行，实现零速平层直接停靠。

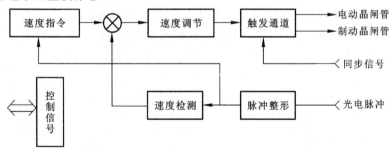

图 3-8   交流双速电动机数字化 ACVV 拖动系统原理结构框图

这种调速方法虽达到了调速目的，但其能耗、特性硬度不是特别经济、理想，使得调压调速系统在应用上受到了一定的限制。这种调速方法一般用于启动和制动的短暂时间内，以限制启动电流和改善电梯的舒适感。

3.3.4   交流变压变频调速系统（VVVF）

可以通过改变电源频率来进行调速，这种调速方法可以得到很大的调速范围和很好的调速平滑性及足够硬度的机械特性。随着技术的发展，交流调速系统不但拥有良好的调速性能，并且经济实用，这种调速方式已被广泛应用于电梯领域。

根据电机学原理

$$n=\frac{60f}{p}(1-s) \tag{3-4}$$

$$E=4.44fNK\varphi_m \tag{3-5}$$

式中　E——异步电动机定子每相感应电动势有效值；

　　　N——定子每相绕组串联匝数；

　　　K——基波绕组系数；

　　　φ_m——每极气隙磁通量。

由式（3-4）可以看出改变电源的频率 f 可以改变电动机的转速。由式（3-5）看出：频率 f 发生改变时，若 E 不变，则必然会引起磁通 φ_m 的变化。当 φ_m 减小时，电动机的铁心没有被充分利用；当 φ_m 增大时，则铁心会饱和，使励磁电流过大，降低电动机效率，严重时会使电动机绕组过热损坏电动机。因此，在电动机运行时，希望磁通 φ_m 保持恒定不变，那么，在改变 f 的同时，必须改变 E，保证 φ_m 恒定不变，即

$$\frac{E}{f}=常数$$

绕组中的感应电动势 E 较高时，可以忽略定子绕组漏磁阻抗压降，认为定子每相 $U_1 \approx E$。同时若以电源角频率 ω 来表示频率，则可得到 $\frac{U_1}{\omega}=常数$，这就是目前广为采用的恒压频比控制方式。

按恒压频比控制方式进行变频调速的装置，一种是直接变频，即交-交变频，只用一个变换环节就可以将恒压恒频电源变换成 VVVF 电源，效率比较高。但其所用的元件数量较多，输出频率变化范围小，功率因数较低，只适用于低速大容量的调速系统。另一种为间接变频，即交-直-交变频。这种变频装置是将恒压恒频交流电整流为直流电，再用逆变器将直流电转变为所需 VVVF 电源。图 3-9 是常见的 VVVF 电梯拖动系统电路结构原理框图。

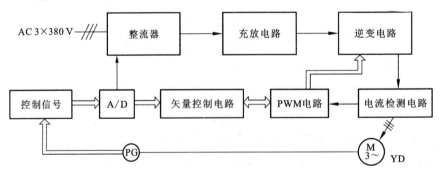

图 3-9　VVVF 电梯拖动系统电路结构原理框图

图 3-9 中，PG 为速度反馈装置，多为光电旋转编码器（俗称旋转编码器）。旋转编码器由光栅盘和光电检测装置组成。

VVVF 电梯电气控制系统的管理控制微机：根据旋转编码器传送接收到的单位脉冲数，换算成单位速度信号，适时传送变频变压控制微机，适时与给定速度值比较，适时改变曳引电动机供电电源的频率和幅值，控制电梯跟随给定的速度曲线运行；根据旋转编码器传送和

接收到的单位脉冲数，换算成电梯轿厢的位置信号，适时控制电梯按设定要求提前减速、平层时停靠施闸开门等。

交-直-交变频变压调速装置（变频器）的主要电路环节：

整流器采用具有耐浪涌电压、电流，结点温度高等特点的二极管模块或晶闸管模块，将交流电变换成直流电。

逆变电路又称逆变器电路，有 6 只大功率三极管（俗称 GTR）模块，每只模块由一只大功率三极管和一只续流二极管构成。它将整流后的直流电源变换成频率和幅值按预定要求变化的交流电源，供给曳引电动机的定子绕组，实现对曳引电动机进行变频变压调速控制，驱动电梯轿厢按预定速度曲线运行。

PWM 电路按一定的规律控制逆变器中的大功率开关元件 GTR 实现通和断，使逆变电路输出一组等幅不等宽的矩形脉冲波形，它的平均值近似等效于正弦电压波。PWM 电路实际上是利用幅值和频率可变的正弦控制波（调制波）与幅值和频率固定的三角波（载波）进行比较，由两个波形的交点处得到一系列幅值相等、宽度不等的矩形脉冲列，如图 3-10 所示。

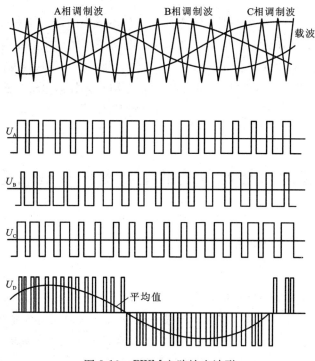

图 3-10　PWM 电路输出波形

当正弦控制波的幅值大于三角波的幅值时，输出正脉冲，使逆变电路中的大功率三极管导通；当正弦波的幅值小于三角波的幅值时，输出负脉冲，使逆变电路中的大功率三极管截止。由于 PWM 电路输出的脉冲列的平均值近似于正弦波，因此可实现在逆变电路输出端获得一组电压幅值等于整流电路输出的直流电压 U_D，宽度按正弦波规律变化的一组矩形脉冲列，该脉冲列等效于 $U_D \sin \omega t$。因此提高 U_D 或提高正弦调制波 $U_D \sin \omega t$ 的幅值，都会提高输出矩形波的宽度，从而提高输出等效正弦波的幅值。而改变正弦波的角频率 ω，就改变了输出正弦波的频率，实现对曳引电动机供电电源既变频又变压的调速效果。

充放电路用于使电梯顺利地减速停靠平层。当电梯以满速运行到达准备停靠层站的提前减速点，直至平层停靠过程中，VVVF 拖动系统处于再生发电控制状态。在这种状态下，曳引电动机储存的电能通过逆变器直流侧的大容量电解电容器不断地充电、放电，将电动机储存的电能以热能形式消耗掉，使电梯停靠。其再生放电电路原理框图如图 3-11 所示。

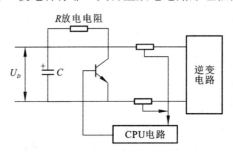

图 3-11　再生放电电路原理框图

电流检测电路：VVVF 电梯调速系统中共用 3 只电流检测器，其中一只用于主电路直流侧，另外两只用于逆变电路交流输出侧。电流检测电路的作用是检测主电路中的交、直流电流值，并通过预设装置转化处理成直流信号，送至控制器，驱动控制器进行比较和处理等。

交流变频变压调速系统，可以用工业控制微机或 PLC 来控制电梯的运行过程，调速范围广、控制精度高、动态性能好、可靠经济，并且这种技术融入了先进的控制技术，使电梯的控制更加智能化。

3.4　电梯电气控制系统的主要器件及电气元件符号

➢ 本节主要介绍电梯电气控制系统的主要器件。
➢ 本节介绍电梯电气控制系统的电气元件符号。

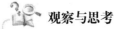
观察与思考

电梯电气控制系统有哪些主要器件？电梯的电气控制系统有成千上万个电器元件构成，这些电器元件有的集中装配安装，有些分散安装。它们主要有操纵箱、指层灯箱、层站召唤箱、轿厢顶检修箱、井道信息装置、端站保护开关装置、底坑检修箱、选层器、控制柜、直流门电动机调速电阻器箱和晶闸管励磁装置等。

3.4.1　电梯电气控制系统的主要器件

1. 操纵箱

除轿厢不允许进人的杂物电梯和简易电梯外，一般电梯的操纵箱位于轿内、安装在操纵轿壁上。常见的电梯操纵箱如图 3-12 所示。

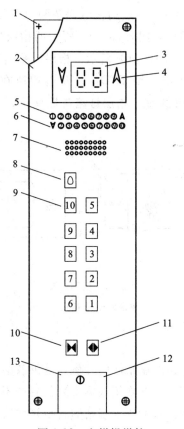

图 3-12　电梯操纵箱

1—底盒；2—面板；3—楼层显示；4—运行方向指示；

5—厅外召唤指示灯；6—召唤方向指示；7—蜂鸣器；8—警铃；

9—轿内指令按钮；10—开门按钮；11—关门按钮；12—暗盒；13—暗盒锁

操纵箱位于轿厢内，是驾驶人员、乘用人员、维护修理人员的操作控制平台。供电梯驾驶人员和乘用人员正常操作的器件安装在操纵箱面板上，包括轿内指令按钮和开、关门按钮，以及查看电梯运行方向和所在位置的显示器件等。供电梯驾驶人员和维护修理人员进行非正常特殊操作的器件安装在操纵箱下方的暗盒内，没有专用钥匙的一般乘用人员不让接触使用。暗盒内装设的器件包括电梯运行状态控制开关、轿内照明开关、蜂铃开关（有驾驶人员控制电梯装设）、检修状态下慢速上、下运行按钮等。

图 3-12 所示的操纵箱面板上还装设有厅外召唤信号记忆显示灯，这种设有外召唤信号显示灯的操纵箱，适合控制方式为轿内按钮控制的电梯使用。对于近些年出现的自动化程度高的电梯，能够自动寻找内外指令登记信号，一般均不装设外召信号记忆显示灯。另外，20 世纪 50 年代～90 年代中期，因显示器件品种和外形尺寸的关系，电梯运行方向和所在位置显示器件都独立存在并装设在轿内轿厢门正上方处。操纵箱面板上装设的电梯运行方向和所在位置显示器件也是近些年才出现的。

2. 指层灯箱

指层灯箱是为电梯驾驶人员、管理人员、维修人员、乘员提供电梯运行方向和所存位置指示信号的装置。除杂物电梯外，一般均在电梯轿厢门和厅门上方设置如图 3-13 所示的指层灯箱。20 世纪 80 年代中期后，图 3-13（a）所示的指层灯箱换为了数码管和发光二极管组成的新一代指层灯箱，如图 3-13（b）所示。指层灯箱内装置的电气部件包括电梯运行方向指示灯 NSD 和 TSD 或者 NXD 和 TXD，以及电梯所在位置指示灯（1～n）TCD 和（1～n）NCD。随着时代的进一步发展，指层灯箱与操纵箱、召唤箱合并后，指层灯箱就不单独存在了。

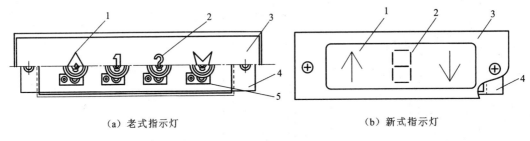

（a）老式指示灯   （b）新式指示灯

图 3-13 指层灯箱

1—上行箭头；2—层楼数；3—面板；4—盒；5—指示灯

3. 层站召唤箱

层站召唤箱装设在各层站电梯停靠站厅门外侧，是供各层站电梯乘用人员召唤电梯及查看电梯运行方向和所在位置的装置。召唤箱根据安装位置的不同，分为上下端站的单按钮召唤箱和中间层站的双按钮召唤箱。其中位于基站的召唤箱增装设一只厅外下班关门断电关闭电梯、上班开门送电开放电梯的钥匙开关。常见的层站召唤箱如图 3-14 所示。

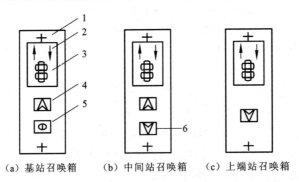

（a）基站召唤箱   （b）中间站召唤箱   （c）上端站召唤箱

图 3-14 电梯层站召唤箱

1—面板；2—运行方向指示灯；3—位置显示；4—上召唤按钮；5—钥匙开关；6—下召唤按钮

4. 轿厢顶检修箱

轿厢顶检修箱位于轿厢顶，一般安装在轿架上梁上，以便于检修人员安全、可靠、方便地检修电梯。检修箱上装设的电器元件包括急停按钮，正常运行和检修运行转换开关，点动上、下慢速运行按钮开关，开门和关门按钮，电源插座，照明灯及控制开关等，如图 3-15 所示。

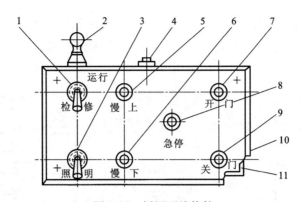

图 3-15　轿厢顶检修箱

1—运行检修转换开关；2—检修照明灯；

3—检修照明灯开关；4—电源插座；5—慢上按钮；6—慢下按钮；

7—开关按钮；8—急停按钮；9—关门按钮；10—面板；11—盒

5. 井道信息装置

井道信息装置实质上采集电梯轿厢上下运行过程中所在的位置信息，并将此信息转换成电信号传送给电梯控制系统，用以实现电梯部分功能的控制装置。常用的井道信息装置有以下 3 种。

1）干簧管传感器换速平层装置

干簧管传感器换速平层装置用于实现到达准备停靠站提前换（减）速、平层时停靠开门。这种装置由装设在井道内轿厢导轨上的平层隔磁板及换速干簧管传感器和装设在轿架直梁上的换速隔磁板及平层干簧管传感器构成，如图 3-16 所示。

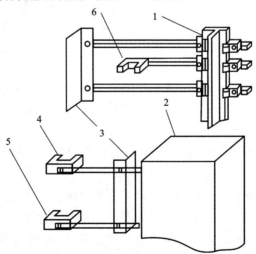

图 3-16　干簧管传感器换速平层装置

1—导轨；2—轿厢；3—隔磁板；4—上平层干簧管；

5—下平层干簧管（XPG）；6—换速干簧管（IGH）

电梯运行过程中，通过装设在轿架上的传感器和隔磁板依次插入位于井道轿厢导轨上相对应的隔磁板或传感器，通过隔磁板（导磁铁板）旁路磁场的功能，实现到站提前换减速，平层时停靠开门的任务。干簧管与隔磁板的具体作用过程如图 3-17 所示。

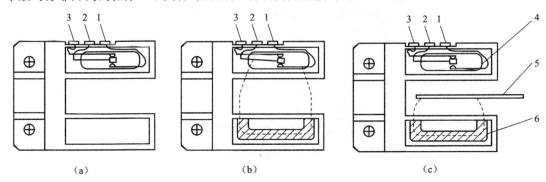

图 3-17 干簧管与隔磁板的具体作用过程

1、2、3—触点；4—干簧管；5—隔磁板，6—永久磁铁

干簧管传感器由一只永久磁铁和一个干簧管分别安装在一个塑料盒内，三者的装配关系如图 3-17 所示。图 3-17（a）表示把干簧管传感器中的永久磁铁取出后，传感器另一侧的干簧管在没有磁场力作用的情况下，干簧管的常闭触点 2 和 3 是接通的，常开触点 1 和 2 是断开的。图 3-17（b）表示把永久磁铁放回传感器内，传感器另一侧的干簧管在永久磁铁的磁场力作用下，出现常闭触点 2 和 3 断开、常开触点 1 和 2 闭合的情况。图 3-17（c）表示把一块具有导磁功能的铁板放到干簧管和永久磁铁中间时，由于永久磁铁所产生的磁场被铁板旁路，干簧管又失去磁场力的作用而恢复图 3-17（a）的状态。电梯在正常运行过程中，通过干簧管传感器与隔磁板之间的配合动作，实现电梯到达准备停靠站提前换（减）速、平层时停靠开门等功能。

2）双稳态开关换（减）速平层装置

双稳态开关换（减）速平层装置由稳装在轿架立梁上的双稳态磁性开关和安装在轿厢导轨上的井道圆柱形磁铁（简称磁豆）构成，如图 3-18 所示。这种装置与干簧管传感器换速平层装置比较，有井道内墙壁上不敷设相关控制线路，电气线路敷设简便，辅助机件轻巧等优点，被广泛应用于交流调压调速电梯。

双稳态开关的结构比干簧管传感器复杂。常见的双稳态开关和圆柱形磁铁结构如图 3-19 所示。

双稳态开关可以将干簧管内的转换触点置于稳定的断开和接通两种状态，它内部的两块方形磁铁 N 极和 S 极能构成闭合磁场回路，电梯上下运行过程中，位于轿厢顶上的双稳态开关路过位于井道的圆柱形磁体时，圆柱磁体的 N 极或 S 极所产生的磁场与两块方形磁铁产生的磁场叠加后，才可能使双稳态开关内的干簧管接点状态发生翻转。叠加后的磁场太强，触点不能反转，太弱则不能维持反转后的状态。因此，双稳态开关对两块磁铁、圆柱形磁性体的 N 极、S 极的磁场强度及安装位置、尺寸都有比较高的要求。

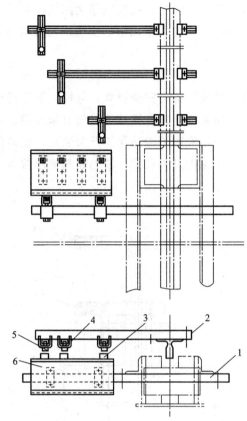

图 3-18 双稳态开关换（减）速平层装置

1—双稳态开关座板固定架；2—磁豆固定装置；3—双稳态开关；

4—磁豆固定塑料架；5—磁豆；6—双稳态开关座板

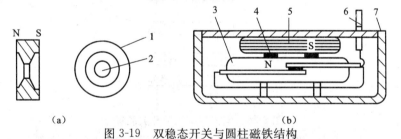

（a）   （b）

图 3-19 双稳态开关与圆柱磁铁结构

1—外径；2—固定孔；3—干簧管；4—方形磁铁；5—定位弹性体；6—引出线；7—壳体

电梯运行过程中，当电梯向上运行时，双稳态开关接近或路过圆柱形磁体的 S 极时动作（常开触点接通），接近或路过圆柱形磁性体的 N 极时复位（常开触点断开）。对于新安装的电梯投入快速试运行前，应检查井道内装设的圆柱形磁性体的 N、S 极性摆放是否符合控制系统的控制要求，然后再进行电梯的快速运行调试工作。

3）光电开关减速平层装置

光电开关减速平层装置由光电开关和遮光板两部分构成，多用于高档乘客电梯。光电开关固定在轿架立梁上，遮光板固定在轿厢导轨上，电梯上下运行的过程中，光电开关路过遮光板时，遮光板隔断光电开关的光发射与光接收电路之间的光联系，能够给电梯电气控制系统提供电梯轿厢所在位置信号，电梯控制系统根据提供的位置信号，实现减速、平层时停靠开门的控制。

6. 端站保护开关装置

端站保护开关装置是特殊增设的备用安全设施，电梯上下运行至准备停靠层站的换速点的时候，都必须提前换减速，如果不能正常换减速又没有采取措施，电梯的轿厢就会冲顶或者蹲底。为了防止出现这种情况，采用了端站保护开关装置。端站保护开关装置是轿厢端站强迫换减速开关装置、端站越位保护开关装置、端站超越极限位置保护开关装置的总称，如图 3-20 所示。

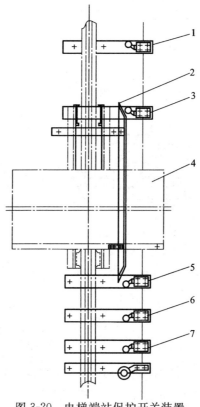

图 3-20　电梯端站保护开关装置

1—上行第二限位开关；2—开关打板；3—上行第一限位开关；4—轿厢

5—下行第一限位开关；6—基站厅外开关门控制开关；7—下行第二限位开关

1）端站强迫换减速开关装置

端站强迫换减速开关装置是第一道安全防护措施，作为电梯到达端站楼面之前，提前一定距离强迫电梯将额定快速运行切换为平层停靠前慢速运行的装置，一般在正常提前换速点垂直距离 10mm 以内。图 3-20 中 3 为上端位强迫换减速开关，5 为下端位强迫换减速开关，本书中分别用 1SXK 和 1XXK 表示。

2）端站越位保护开关装置

端站越位保护开关装置是第二道安全防护措施，作为当第一道安全防护措施失效，或是其他的原因造成超越上下端楼一定距离时，切断电梯上下运行控制电路，强迫立即停靠的装置。端站越位保护开关装置一般与端站楼面的垂直距离为 30～50mm 为宜，本书分别用 2SXK 和 2XXK 表示。

3）端站超越极限位置保护开关装置

端站超越极限位置保护开关装置是限位开关失灵，或其他原因造成的轿厢到达安全极限时，切断电梯主电源的安全装置，常用符号 JXK 表示。端站超越极限位置保护开关装置有控制式和强制式两种，本书提供的电路图中使用的是强制式，如图 3-21 所示，由位于电梯机房的铁壳开关，导向轮，固定在两端站轿厢导轨上的上、下滚轮组，与端站强迫换减开关装置共用的打板，以及联结铁壳开关、上下滚轮组的钢丝绳组成。电梯运行的过程中，如果电梯轿厢达到极限开关作用点的时候，轿厢架上的打板碰撞上，下滚轮组，上、下滚轮组通过钢丝绳强行打开铁壳开关，切断电梯的总电源，强迫电梯停止。

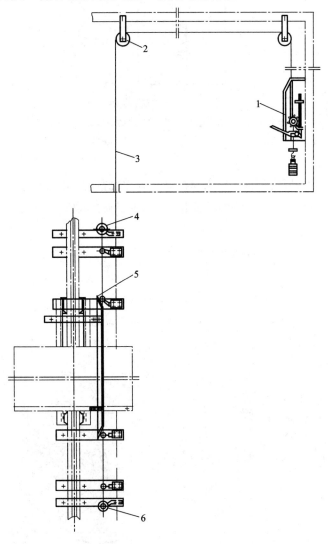

图 3-21　强制式端站超越极限位置保护开关装置

1—铁壳开关；2—导向轮；3—钢丝绳；4—上滚轮组；5—打板；6—下滚轮组

由于这种装置结构复杂，故障比较多，自20世90年代初新生产的电梯已很少采用，逐渐被控制式的极限开关装置取代。控制式的极限开关装置与第一、第二限位开关装置结构基本相同，均通过控制接触器切断电梯总电源，结果相同。

7. 底坑检修箱

底坑检修箱位于井道底坑，一般安装在井道底坑侧壁，目的是确保电梯维修人员下井道底坑维保电梯时的安全。底坑检修箱上装设的器件包括停止电梯运行的急停按钮、检修照明灯、接通断开照明灯电路的手指开关等。常见的井道底坑检修箱如图3-22所示。

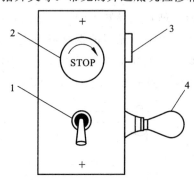

图 3-22　底坑检修箱

1—检修开关；2—急停按钮；3—电源插座；4—照明灯

8. 选层器

选层器设置在机房或隔音层内，用来模拟电梯运行状态，向电气控制系统发出相应电信号。选层器有用于载货电梯电气控制系统的层楼指示器和用于乘客电梯电气控制系统的选层器两种。

1）层楼指示器

层楼指示器用于货、医用电梯控制系统，如图3-23所示。层楼指示器由安装在曳引机蜗轮轴上的主动链轮部分及通过自行车链条带动的指示器部分构成。主动链轮和指示器之间依靠自行车链条联成一体。当电梯上、下运行时，固定在曳引机蜗轮轴上的链轮轴和主动链轮随之转动，再通过自行车链条带动链轮、减速牙轮转动，减速牙轮副带动触点往返转动，通过触点之间适时接通与断开，实现轿厢位置自动显示，自动消除上、下行召唤登记指示灯信号。

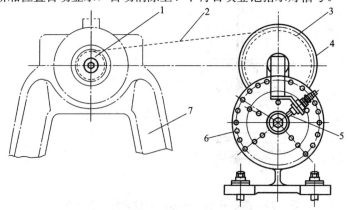

图 3-23　层楼指示器

1—主动链轮；2—自行车链条；3—减速链轮；4—减速牙轮；5—动触点；6—定触点；7—曳引机轴架

2）选层器

用于乘客电梯电气控制系统的选层器，除具有层楼指示器的功能外，还具有根据电梯的所在位置和内、外指令登记信号自动确定电梯运行方向，到达预定停靠层站提前一定距离向控制系统发出减速信号，到达平层位置时发出平层停靠开门信号等功能。选层器的结构和安装示意图如图 3-24 所示。本书中没有采用这种选层器的乘客电梯电气控制系统，在次不作过多介绍。

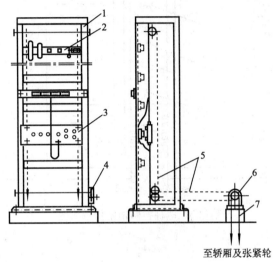

至轿厢及张紧轮

图 3-24　选层器的结构和安装示意图

1—机架；2—层站定滑板；3—动滑板；4—减速箱；5—传动链条；6—钢带牙轮；7—冲孔钢带

近些年随着电子技术的发展，选层器的品种不断增加，对于 PLC 和微机控制系统，使用对井道信息的采集装置，就可以满足系统的需求，机械式选层器基本被淘汰。

9. 控制柜

控制柜是电梯控制系统的控制中心，也是调试和维保人员调整、检查、观察、分析电梯运行状况的平台，内设的电器元件主要与电梯拖动方式、控制方式、额定载荷、额定运行速度、层站数等有关。常见的电梯控制柜结构示意图如图 3-25 所示。

10. 直流门电动机调速电阻器箱

直流电动机有良好的调速性，便于控制和调节电梯开关门速度。20 世纪 60 年代，多采用直流电动机实现开门、关门。由于直流电动机的运行速度在励磁绕组的端电压一定时，电动机的运行速度与电枢绕组的端电压成正比，只要控制和调节电枢绕组电压，就可以控制和调节电梯开、关门的速度。直流门电动机调速电阻器箱可以控制并调节电枢端电压的 3 个电阻 MDR、KMR、GMR，具体细节将在 3.4.2 节讲解。

时至今日，采用直流电动机拖动开关门在运行电梯中仍然不少，但随着技术的发展，直流电动机拖动的开关门系统必将被结构更简单、故障率更低的交流电动机 VVVF 拖动、微机控制、无连杆同步带传动的开门系统取代。

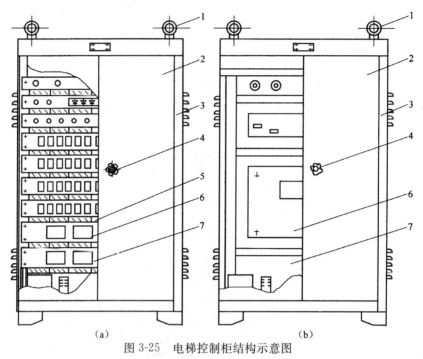

（a）　　　　　　　　　　　　　　　　（b）

图 3-25　电梯控制柜结构示意图

1—吊环；2—门；3—PLC；4—柜体；5—过线板；6—电气元件；7—电气元件固定板

11. 晶闸管励磁装置

晶闸管励磁装置是我国 20 世纪 60～80 年代中后期，作为各种直流快速、高速电梯电气控制系统实现无级调压调速的唯一装置。根据电梯的运行特点和要求，它可以将交流电转换成幅值连续可调、极性可变的直流电，从而使发电机输出的电压满足曳引机直流电机启动、制动时的要求，实现电梯按预定的速度曲线运行。但是我国已于 20 世纪 80 年代明令停止生产以直流电动机拖动的电梯，晶闸管励磁装置也被淘汰，在此不作详细介绍。

3.4.2　电梯电气控制系统常用器件的图形符号及文字符号

1. 电梯电气控制系统常用器件的图形符号

电梯电气控制系统比较复杂，具有较多的元器件，特别是全继电器控制少则百余个，多则数百个，每个元器件都有名称或代号。我国电梯行业在电梯电路原理图中常用的电气元件图形符号如表 3-1 所示。

表 3-1　常用电气元件图形符号

序号	元 件 名 称	图 形 符 号	备 注
1	极限开关		三相封闭式负荷开关改制
2	照明总开关		二相封闭式负荷开关

序号	元 件 名 称		图 形 符 号	备 注
3	电抗器			
4	限位开关	常闭触点 常开触点		
5	安全钳、断绳开关			非自动复位
6	钥匙开关			
7	单刀单投手指开关			
8	热继电器	热元件 辅助触点		调整到自动复位
9	电阻器	固定式 可调式		
10	急停按钮			非自动复位
11	按钮			不闭锁
12	交流曳引、电动机			
13	永磁测速发电机			
14	直流电动机			
15	励磁绕组			
16	变压器			
17	熔断器			
18	电容器			
19	断电器	电磁线圈 常开触点 常闭触点		

续表

序号	元件名称		图形符号	备注
20	接触器	电磁线圈 常开触点 常闭触点	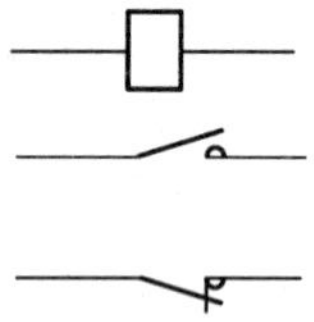	
21	快速动作， 延时复位 继电器	电磁线圈 常开触点 常闭触点	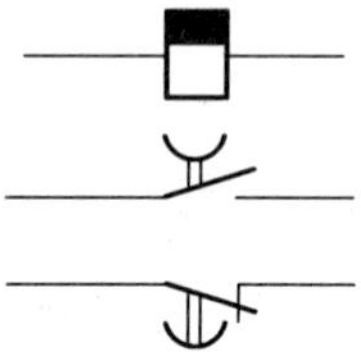	
22	缓吸合、快复 位继电器	电磁线圈 常开触点 常闭触点	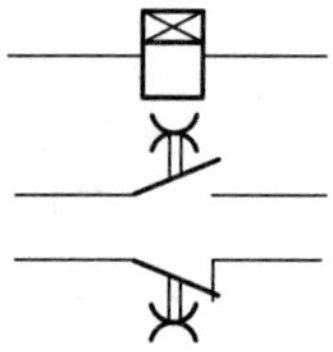	
23	照明指示灯		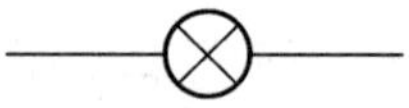	
24	二相插头			
25	层楼指示器 选层器触点组		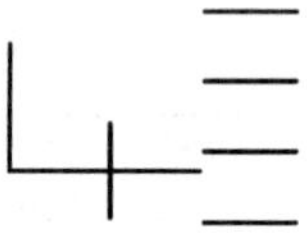	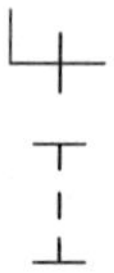 动触点 静触点
26	警铃			
27	蜂鸣器			
28	二极管		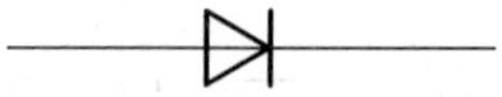	
29	单刀双投手指开关		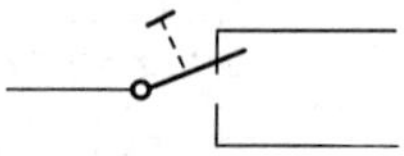	
30	传感器干簧管常闭触点		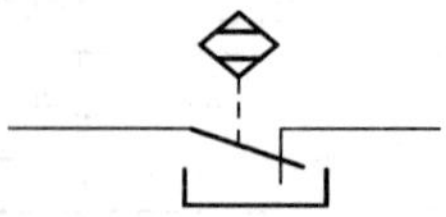	

2. 电梯电气控制系统常用器件的文字符号

电梯电路原理图中各电器元件的名称，一般是按其在控制系统中的作用命名的，如开门继电器、关门继电器、上行方向控制接触器、下行方向控制接触器、检修慢速上行按钮等，并采用汉字拼音缩写字母做代号进行描述和标注，这样易于记忆，如运行继电器YXJ。本书也以此方法表示常用电气元器件的名称及代号（文字符号），详见表 3-2 和表 3-3。

表 3-2　垂直运行电梯电气控制系统常用电器元件的名称和文字符号

文字符号	名　称	位　置	文字符号	名　称	位　置
SC、XC	上、下接触器	控制柜	JXK	强制式极限开关	机房
KC、1KC	快速接触器	控制柜	SJK、XJK	控制式上、下行极限开关	井道
KJC	快加速接触器	控制柜	YD	曳引电动机	曳引机
MC	慢速接触器	控制柜	ZCQ	制动器电磁线圈	曳引机
1～MJC	1～3 级慢加速接触器	控制柜	SDK	光电开关（ACVV 拖动电梯）	曳引机
DYC	电源接触器	控制柜	PG	编码器（VVVF 拖动电梯）	曳引机
ZC	制动器接触器	控制柜	616G5	变频器	控制柜
ZDC	能耗制动电源接触器	控制柜	C60P	欧姆龙型 PLC	控制柜
KMC、KMJ	开门接触器或继电器	控制柜	FX2N	三菱型 PLC	控制柜
GMC、GMJ	开门接触器或继电器	控制柜	DK	电抗器	控制柜
YC、YJ	电压接触器、继电器	控制柜	SJF—Q	调压调速器	控制柜
1～5NLJ	主令继电器	控制柜	YB	变压器	控制柜
SKJ、SFJ	上方向控制、辅助控制继电器	控制柜	ZLD1～4	整流二极管	控制柜
XKJ、XFJ	下方向控制、辅助控制继电器	控制柜	1～NFU	熔断器	控制柜
YXJ	运行继电器	控制柜	ZZK	控制开关	操纵箱
JXJ	检修继电器	控制柜	KGK	基站厅外钥匙开关门控制开门	基站井道
1～3MSJ	1～3 级加减速时间继电器	控制柜	TYK	基站厅外开关门钥匙开门	基站召唤箱
KSJ	快加速时间继电器	控制柜	TAN	轿内急停按钮	操纵箱
1～5THJ	1～5 层站停车换速继电器	控制柜	TAD	轿厢顶急停按钮	轿厢顶检修箱
SJJ	驾驶人员控制继电器	控制柜	ACK	安全窗开门（现在已很少装设）	轿厢顶
MOJ	关门启动继电器	控制柜	AOK	安全钳开关	轿厢顶
MSJ	门锁继电器	控制柜	DTK	底坑急停开关	底坑检修箱
ABJ	安全触板继电器	控制柜	DSK	限速器断绳开关	井道底坑
TSJ	停站时间继电器	控制柜	KMAN	轿内开门按钮	操纵箱
TJ	停站控制继电器	控制柜	GMAN	轿内关门按钮	操纵箱
TFJ	停站辅助控制继电器	控制柜	KMAD	轿厢顶开门按钮	轿厢顶检修箱
CZJ	超载继电器	控制柜	GMAD	轿厢顶关门按钮	轿厢顶检修箱
CXJ	超载信号显示控制继电器	控制柜	ABK	安全触板开关	轿厢门
SPJ	上平层继电器	控制柜	MD	开关门电动机	开关门电动机
XPJ	下平层继电器	控制柜	MDQ	开关电动机励磁绕组	开关门电动机
1～4SZJ	1～4 层站上召唤继电器	控制柜	1KMK	开门到位断电开关	开关门机
2～5XAZJ	2～5 层站下召唤继电器	控制柜	2KMK	开门调速开关	开关门机
2～5HFJ	1～5 层站停车换速辅助继电器	控制柜	1GMK	关门到位断电开关	开关门机

文字符号	名　称	位　置	文字符号	名　称	位　置
1、2BMJ	本层开门控制继电器	控制柜	2～3GMK	关门调速开关	开关门机
XJ	相序继电器	控制柜	MDR	开关门调速总电阻（粗调）	开关门机
KRJ	快车热继电器	控制柜	KMR、GMR	开关门调速电阻（细调）	开关门机
MRJ	慢车热继电器	控制柜	KMK	正常运行、检修运行换速开关	操纵箱
ADJ	基站上下班送断电继电器	控制柜	MZK	后开关门控制开关	基站井道
1GMJ、1KMJ	后关门、开门继电器	控制柜	1KMK1	后开门到位断电开关	后开关门机
GYJ	基站送断电继电器	控制柜	2KMK1	后开门调速开关	后开关门机
1SXK	上端站强迫换速或减速开关	井道上端站	1GMK1	后关门到位断电开关	后开关门机
2SXK	上端站越位控制开关	井道上端站	2～3GMK1	后关门调速开关	后开关门机
1XXK	下端站强迫换速或减速开关	井道下端站	1MDR	后开关门调速总电阻	后开关门机
2XXK	下端站越位控制开关	井道下端站	1KMR	后开门调速总电阻	后开关门机
SPG	上平层传感器	轿厢顶	1GMR	后关门调速总电阻	后开关门机
XPG	下平层传感器	轿厢顶	MSAD	轿厢顶检修慢速上行按钮	轿厢顶检修箱
1～5THG	1～5层站换速传感器	井道	MXAD	轿厢顶检修慢速下行按钮	轿厢顶检修箱
2～5THGS	2～5层上换速传感器	井道	SZD	上行召唤指示灯	操纵箱
1～4THGX	1～4层下换速传感器	井道	XZD	下行召唤指示灯	操纵箱
CZK	超载开关	轿厢底	MSAN	轿内检修慢速上行按钮	操纵箱
1～3MSR	阻容延时电阻	控制柜	MXAN	轿内检修慢速下行按钮	操纵箱
1～3MSC	阻容延时电容	控制柜	1～5NLA	1～5层站轿内指令登记按钮	操纵箱
TSR、TSC	TSJ继电器延时电阻、电容	控制柜	1～5NLD	1～5层站轿内指令登记灯	操纵箱
CZR、CZC	CZJ继电器延时电阻、电容	控制柜	1～4SZA	1～4层站上行召唤按钮	召唤箱
CXR、CXC	CXJ继电器延时电阻、电容	控制柜	2～5XZA	2～5层站下行召唤按钮	召唤箱
SK	有、无驾驶人员转换开关	操纵箱	1～4SZD	1～4层站上行召唤登记灯	召唤箱
JZKD	轿厢顶正常、检修运行换速开关	轿厢顶检修箱	2～5XZD	1～4层站上行召唤登记灯	召唤箱
JZKN	轿内正常、检修运行换速开关	操纵箱	1～4SZR	1～4上行召唤继电器降压电阻	控制柜
JZKG	机房正常、检修运行换速开关	控制柜	2～5XZR	2～5下行召唤继电器降压电阻	控制柜
CLJN	轿内电梯运行方向、位置显示器	操纵箱	SZD	上行召唤方向指示灯	操纵箱
1～4CLJT	厅外电梯运行方向、位置显示器	召唤箱	XZD	下行召唤方向指示灯	操纵箱
FR	制动器电磁线圈限流电阻	控制柜	JSK	轿厢顶锁开关	轿厢门上方
JR	制动器经济电阻	控制柜	1～5TSK	1～5层站层门锁开关	层门上方
ZL、1ZL	轿式整流模块	控制柜	JA	急停按钮	操纵箱
SHG	上行换速双稳态开关	轿厢顶	FMK	蜂铃或蜂鸣器开关	操纵箱

续表

文字符号	名 称	位 置	文字符号	名 称	位 置
XHG	下行换速双稳态开关	轿厢顶	FM	蜂铃或蜂鸣器	操纵箱
CDDd	层楼指示器触点组	机房	TSD	厅外电梯上行指示灯	层门上方
1～4SFJd	层楼指示器触点组	机房	NSD	轿内电梯上行指示灯	轿厢门上方
2～5XFJ	层楼指示器触点组	机房	1～5NCD	1～5 层站轿内电梯位置指示灯	轿厢门上方
1～3MQR	制动力矩调节电阻	控制柜	1～5TCD	1～5 层站厅外电梯位置指示灯	层门上方
CSF	直流测速发电机	直流曳引机	GZK	照明电源总开关	机房
ZD	直流曳引电动机	直流曳引机	FSK	风扇开关	操纵箱
DJQ	直流曳引电动机励磁绕组	直流曳引机	FS	风扇	轿厢顶下方
ZB	晶闸管励磁装置电源变压器	励磁装置	JZKN	轿内照明灯开关	操纵箱
ZF	直流发电机	直流发电机	JZDN	轿内照明灯	轿厢顶下方
LZF	发电机组直流发电机主磁场绕组	直流发电机	JZKD	轿内照明等开关	操纵箱
FXQ	发电机组直流发电机消磁绕组	直流发电机	PCZ	平层感应器装置	轿厢顶
NBQ	电源逆变器装置	控制柜	JZDD	轿厢顶照明灯	轿厢顶检修箱
HQ1、HQ2	互感器	控制柜	2～3DCZ	2～3 相电源插座	轿厢顶检修箱
R	放电电阻	控制柜	MQJ	开门区域继电器	控制柜
WD	微机开关电源装置	控制柜	1SHK、2SHK	上行强迫换速开关	井道
ZDK	制动器触点	制动器	1XHK、2XHK	下行强迫换速开关	井道
ZDJ	自动状态继电器	控制柜	SJK	驾驶人员控制开关	操纵箱
SDK	上终端极限开关	井道	KMD	开门按钮指示灯	操纵箱
XDK	下终端极限开关	井道	MDKK	控制柜门机开关	控制柜
BMQ	电梯速度测试编码器	曳引机	MDKN	轿内门机开关	操纵箱
CT1、CT2、CT3	电流检测传感器	控制柜	CSZ	门机测速装置	门电动机

表 3-3 自动扶梯电气控制系统常用电器元件名称和文字符号

文字符号	名 称	位 置	文字符号	名 称	位 置
M	电动机	驱动主机	TXK2	下梯级下陷开关	扶梯
ZDQ	制动器线圈	驱动主机	JXK	检修开关	控制箱
PLC	可编程序控制器	控制箱	YSK1	上左启动钥匙开关	开关盒
KQK	断路器	控制箱	YSK2	下左启动钥匙开关	开关盒
CS1	主电动机测速传感器	扶梯	CT1	检修插座	控制箱
CS2	左扶手带测速传感器	扶梯	CT2	检修插头	扶梯外
CS3	右扶手带测速传感器	扶梯	LED	显示器	扶梯

文字符号	名　称	位　置	文字符号	名　称	位　置
SSK1	上左梳齿异常开关	扶梯	JTA	检修停止按钮	检修箱
SSK2	上右梳齿异常开关	扶梯	JXAS	检修上行按钮	检修箱
SXK1	下左梳齿异常开关	扶梯	JXAX	检修下行按钮	检修箱
SXK2	下右梳齿异常开关	扶梯	ZMK	梯级照明开关	检修箱
QLK	驱动链链动开关	扶梯	ZMDS	上梯级照明灯	扶梯
TLK1	下左梯级链链断开关	扶梯	ZMDX	下梯级照明灯	扶梯
TLK2	下右梯级链链断开关	扶梯	3CZS	三芯插座（上）	控制箱
FSK1	上左扶手带出入口开关	扶梯	3CZX	三芯插座（下）	控制箱
FSK2	上右扶手带出入口开关	扶梯	2CZS	二芯插座（上）	控制箱
FXK1	下左扶手带出入口开关	扶梯	2CZX	二芯插座（下）	控制箱
FXK2	下右扶手带出入口开关	扶梯	DB	控制变压器	控制箱
WTK1	上左围裙与梯级间隙开关	扶梯	1~NFU	熔断器	控制箱
WTK2	上右围裙与梯级间隙开关	扶梯	JTAS	上急停按钮	扶梯
WTK3	下左围裙与梯级间隙开关	扶梯	JTAX	下急停按钮	扶梯
WTK4	下右围裙与梯级间隙开关	扶梯	DL	开梯预备铃	扶梯
TXK1	上梯级下陷开关	扶梯			

需要注意的是，对于电梯的文字符号并不是统一的。目前国内的非合资电梯制造企业，一般都采用上述方法进行图纸资料标注，但是合资电梯制造企业则大多采用合资外方国家的图纸设计标注方法，在电梯行业这方面是不统一的。

3.5　交流双速、集选继电器控制电梯电气控制系统工作原理

➤ 本节简单介绍交流双速、集选继电器控制电梯电气控制系统的组成。

➤ 本节主要介绍交流双速、集选继电器控制电梯电气控制系统的控制原理。

观察与思考

交流双速、集选继电器控制电梯电气控制系统主要应用于哪些电梯？交流双速、集选继电器控制电梯电气控制系统是 20 世纪 60 年代中期为额定运行速度 $V \leqslant 1.0 \text{m/s}$ 乘客电梯设计的电气控制系统。

3.5.1　交流双速、集选继电器控制、5 层 5 站电梯电路图

本节采用的图 3-26 交流双速、集选继电器控制、5 层 5 站电梯原理图，具有驾驶人员控制、无驾驶人员控制、检修慢速运行控制 3 种模式，可以登记多个指令信号，能够顺向外召唤信号截梯。图 3-26 采用的主要电器零部件包括轿内操纵箱、指层灯箱、召唤箱、轿厢顶检修箱、干簧管换速平层装置、限位开关、强制式超越极限位置保护开关装置和控制柜等。

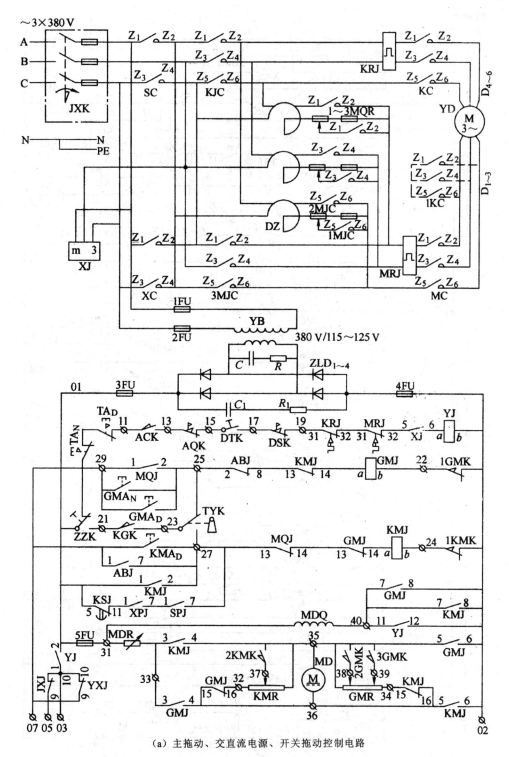

（a）主拖动、交直流电源、开关拖动控制电路

图 3-26　交流双速、集选继电器控制、5 层 5 站电梯电路图

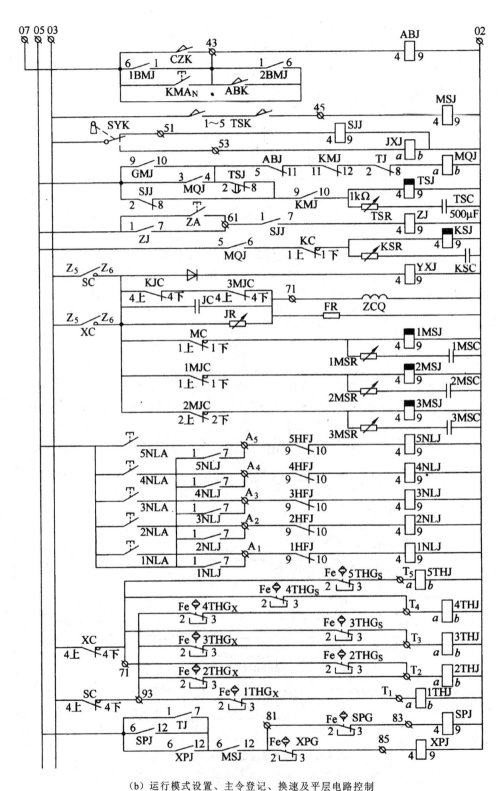

（b）运行模式设置、主令登记、换速及平层电路控制

图 3-26　交流双速、集选继电器控制、5 层 5 站电梯电路图（续）

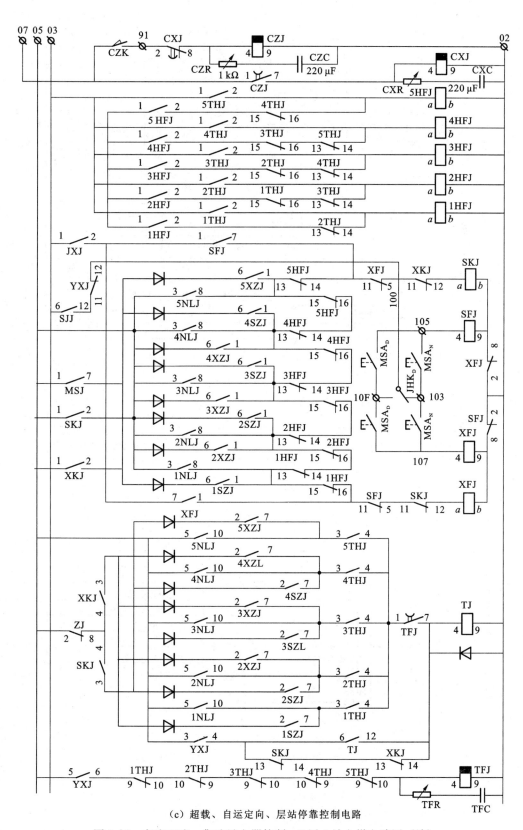

（c）超载、自运定向、层站停靠控制电路

图 3-26　交流双速、集选继电器控制、5 层 5 站电梯电路图（续）

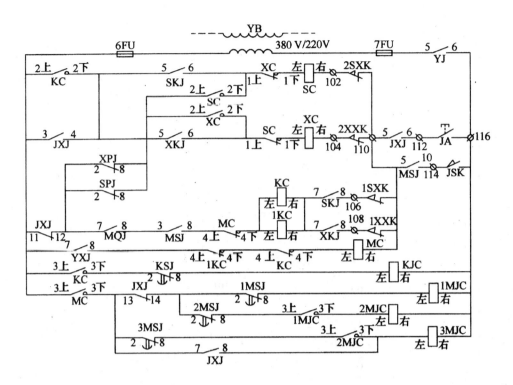

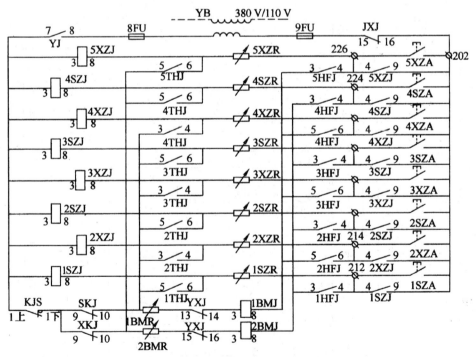

（d）交流控制、外召唤登记信号控制电路

图 3-26　交流双速、集选继电器控制、5 层 5 站电梯电路图（续）

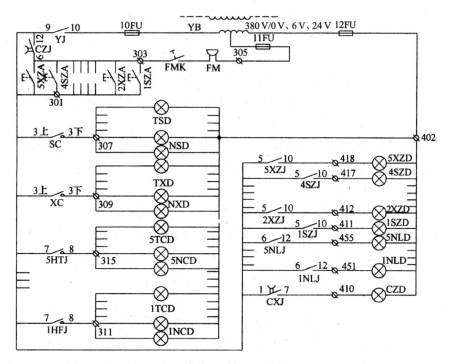

（e）蜂鸣、指示灯控制电路

图 3-26　交流双速、集选继电器控制、5 层 5 站电梯电路图（续）

3.5.2　交流双速、集选继电器电梯的开关门操作及控制原理

1. 电梯的关门操作及控制原理

1）通过轿内操纵箱关门按钮 GMA_N 或轿厢顶检修箱关门按钮 GMA_D 实现关门的原理

在停靠关门的状态下，按下 GMA_N 或 GMA_D 时，$GMJ_{a,b}$ ↑ 得电→$GMJ_{3,4}$ 闭合和 $GMJ_{5,6}$ 闭合→MD↑ 得电，关门。通过轿内关门按钮 GMA_N 或轿厢顶检修箱关门按钮 GMA_D 实现关门。

2）电梯停靠层楼后开门经预定时间后自动关门的原理

在无驾驶人员（自动）状态下，电梯停靠层楼门开妥后，开门到位断电开关 1KMK 常闭断开→开门继电器 KMJ↓失电→停站时间继电器 TSJ↓失电→$TSJ_{2,8}$ 复位闭合→$MQJ_{a,b}$ ↑ 得电→$GMJ_{a,b}$ ↑ 得电→$GMJ_{3,4}$ 闭合和 $GMJ_{5,6}$ 闭合→MD↑ 得电。关门实现预定时间后自动关门。

3）关闭电梯时后关门原理

（1）按下召唤箱上的 1SZA，将电梯召回基站，使基站厅外钥匙开关门控制开关 KGK 闭合，21、23 线接通。

（2）扳动操纵箱内的控制开关 ZZK，接通 01、21 号线，则 YJ↓断电。

（3）扭动基站召唤箱上基站厅外开关门控制开关 TYK，使 23、25 号线接通，则 GMJ↑得电→$GMJ_{3,4}$ 闭合和 $GMJ_{5,6}$ 闭合→MD↑ 得电，实现关闭电梯时的关门。

2. 电梯的开门操作及控制原理

1）开放电梯时的开门控制原理

开放电梯前，电梯处于基站停靠关门状态，扭动基站厅外开关门控制开关 TYK，使 23、27 号线接通，则 $KMJ_{a,b}$↑得电→$KMJ_{3,4}$闭合和 $KMJ_{5,6}$闭合→MD↑得电开门，实现开放电梯时的开门。

2）通过轿内的操纵箱开门按钮 KMA_H 或轿厢顶检修箱内开关按钮 KMA_D 实现开门后的原理

在停靠关门的状态下，按下 KMA_H，则 $ABJ_{4,9}$↑得电→$ABJ_{1,7}$闭合→$KMJ_{a,b}$↑得电→$KMJ_{3,4}$闭合和 $KMJ_{5,6}$闭合→MD↑得电开门。

当在检修模式时，按轿厢顶检修箱上的开门按钮 KMA_D，则 $KMJ_{a,b}$↑得电→$KMJ_{3,4}$闭合和 $KMJ_{5,6}$闭合→MD↑得电开门，实现按钮的开门。

3）电梯到达平层时自动开门原理

当电梯进入平层允许范围时，位于轿厢顶的上、下平层传感器 SPG、XPG 插入轿厢导轨上平层隔磁板，SPG、XPG 内干簧管失去磁场力的作用触点复位，即 $SPG_{2,3}$ 和 $XPG_{2,3}$ 复位→上平层继电器 SPJ↑和下层继电器 XPJ↑得电→$SPJ_{1,7}$、$XPJ_{1,7}$闭合→$KMJ_{a,b}$↑得电→$KMJ_{3,4}$闭合和 $KMJ_{5,6}$闭合→MD↑得电开门，实现到达平层后自动开门。

4）平层轿厢外开门（本层开门）原理

电梯在各层站停靠关门待命的情况下，若此时该关门待命层有乘员按下下行召唤按钮 XZA 或上行召唤按钮 SZA 时，本层开门控制继电器 $1BMJ_{3,8}$↑或 $2BMJ_{3,8}$↑得电→$1BMJ_{6,1}$或 $2BMJ_{6,1}$闭合→$ABJ_{4,9}$↑得电→$ABJ_{1,7}$闭合→$KMJ_{a,b}$↑得电→$KMJ_{3,4}$闭合和 $KMJ_{5,6}$闭合→MD↑得电开门，实现本层关门。

5）安全触板开门的原理

电梯在关门的过程中，若有乘员碰压位于轿厢门上的安全触板开关 ABK，$ABJ_{4,9}$↑得电→$ABJ_{1,7}$闭合→$KMJ_{a,b}$↑得电→$KMJ_{3,4}$闭合和 $KMJ_{5,6}$闭合→MD↑得电开门，实现安全触板开门。

6）超载开门

当电梯超载时，位于轿厢底的超载开关 CZK 动作闭合，超载开门。同时，蜂铃 FM 断续响，操纵箱面板的超载灯 CZD 闪亮。直至有乘员退出轿厢，超载信号解除声光报警结束，具体过程如下。

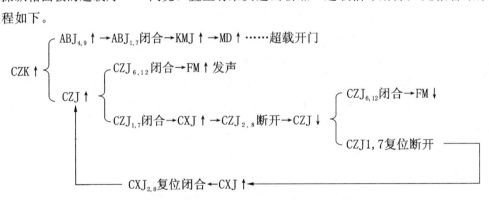

3.5.3 交流双速、集选继电器电梯的运行模式

用专用钥匙操纵箱内的三态钥匙开关 SYK 可根据实际需要将电梯置于驾驶人员控制、无驾驶人员控制、检修慢速运行控制 3 种模式。

1. 驾驶人员控制模式

用专用钥匙扭动钥匙开关 SYK，使 03、51 号线接通，则 $SJJ_{4,9}$↑得电→$SJJ_{2,8}$断开→$MQJ_{a,b}$ 将无法通过 $TSJ_{2,8}$ 得电，失去预定时间后自动得电的条件。此时，关门由驾驶人员控制电梯，处于驾驶人员控制模式。

2. 无驾驶人员控制模式

用专用钥匙扭动开关 SYK 置于中间，使 03、51 和 03、53 号线均断电，则 $SJJ_{4,9}$↓和 $JXJ_{a,b}$↓均不得电，电梯实现自动关门，具体过程如下。

$$SJJ_{a,b}↓→SJJ_{2,8}闭合→MQJ_{a,b}↑→GMJ_{a,b}↑\begin{cases}GMJ_{3,4}闭合\\ \\GMJ_{5,6}闭合\end{cases}\longrightarrow MD↑关门$$

3. 检修慢速运行控制模式

用专用钥匙扭动开关 SYK，使 03、53 号线接通，则 $JXJ_{a,b}$↑得电、JXJ 常开常闭动作，为检修慢速运行动作做准备，然后扳动轿厢顶检修箱上的轿厢顶慢速运行转换开关，使 JHK_D 置于 100、101 号线并接通，按下轿厢顶检修箱上的慢上按钮 MSA_D 或慢下按钮 MXA_D 点动控制电梯上、下慢速运行，具体控制过程如下。

$$JXJ_{a,b}↑\begin{cases}JXJ_{11,12}断开→KC,1KC不加电，保证无法快速运行\\ \\JXJ_{3,4}闭合，为检修慢速运行做准备\\ \\JXJ_{1,2}闭合\end{cases}$$

$$\begin{matrix}JHK_D置于100,101号线\\ \\按下MSA_D\end{matrix}\Big\}→SFJ↑→SFJ_{1,7}闭合\quad \Big\}→SKJ↑\quad \Big\}→SC↑$$

$$\longrightarrow SC_{Z5,6}闭合→YXJ↑→YXJ_{7,8}闭合→MC↑→MC_{Z1\sim6}闭合,YD慢绕组得电$$

电梯轿厢慢速向上运行。松开 MSA_D，电梯停止运行。若控制电梯慢速下行，按下 MXA_D，原理与慢速上行类似。

3.5.4　交流双速、集选继电器电梯的控制原理

下面举例来具体分析电梯的控制原理：电梯停靠在 1 楼，此时 1 楼有乘员，若前往 3 楼，4 楼有乘员要求下行。

1.1 楼乘员进行上行召唤

1 楼乘员按下上行召唤按钮 1SZA，1 楼上行召唤按钮登记灯点亮，本层开门，具体过程如下。

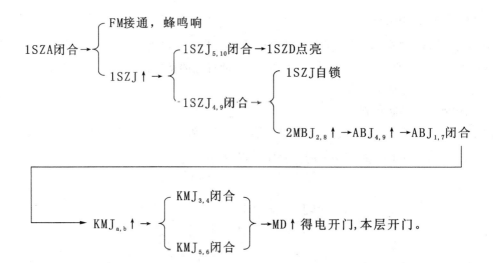

2. 登记指令信号

1楼乘员进入电梯按下轿内操纵箱内的指令登记按钮3NLA，进行前往3楼楼层的指令信号登记，具体过程如下。

$$3NLA\uparrow \rightarrow 3NLJ\uparrow \rightarrow \begin{cases} 3NLJ_{6,12}闭合 \rightarrow 3NLD亮，指令登记灯点亮 \\ 3NLJ_{1,7}闭合 \rightarrow 自保 \\ 3NLJ_{3,8}闭合 \rightarrow 上行控制继电器SKJ得电，电梯向上 \\ 3NLJ_{5,10}闭合 \rightarrow 为接通停站控制继电器TJ做准备 \end{cases}$$

3. 4楼乘员下行召唤

4楼乘员按下召唤箱上的召唤按钮4XZA，进行下行召唤，召唤登记灯亮，具体过程如下。

$$4XZA\uparrow \rightarrow 4XZJ\uparrow \rightarrow \begin{cases} 4XZD亮，召唤登记灯点亮 \\ FM接通，蜂鸣响 \\ 4XZJ_{6,1}闭合 \rightarrow 为接通上行控制继电器SKJ电路做准备 \\ 4XZJ_{2,7}闭合 \rightarrow 为接通停站控制继电器TJ做准备 \end{cases}$$

4. 电梯关门、启动、加速和满速运行

1楼乘员按完轿内指令按钮后，电梯关门，可以是自动关门，也可以通过按下轿内操纵箱关门按钮 GMA_N 来关门，然后电梯启动、加速和满速运行，具体过程如下。

5. 电梯到达停靠层站换速点由快速切换为慢速

电梯从1楼前往3楼时，轿厢顶的换速隔磁板分别插入轿厢导轨上的换速传感器 $2THG_S$，$2THG_S$ 复位、$2THJ\uparrow$ 得电，但2楼无召唤和登记信号，则停站控制继电器不能得电吸合，电梯仍快速上行。但当电梯到达3楼的上行换速点时，电梯便进行换速，指令登记信号消除，并进行了两级再生发电制动减速进入慢速稳定运行，具体控制过程如下。

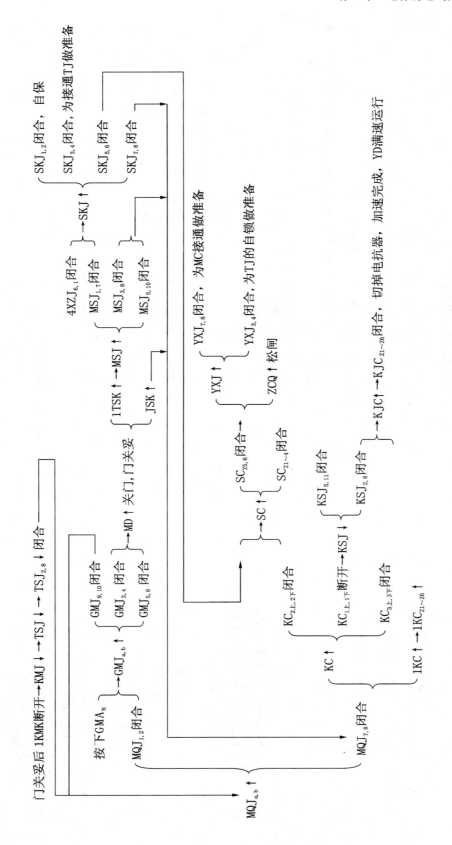

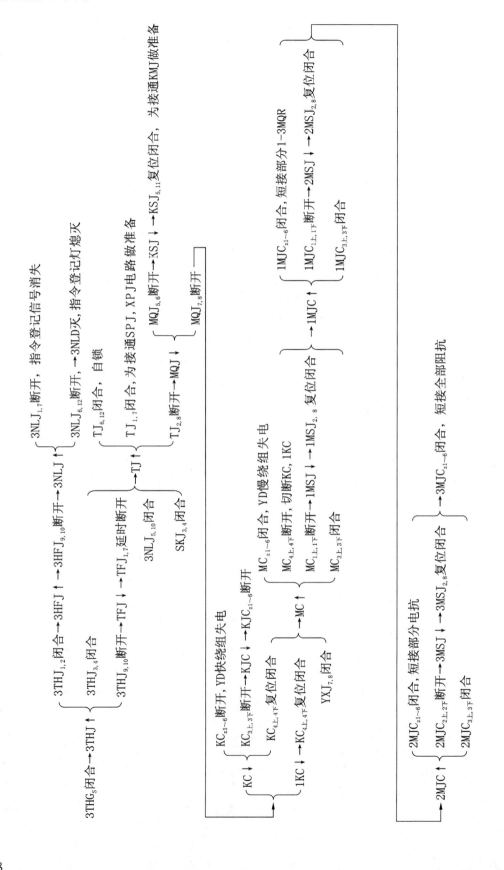

6. 停层开门

电梯在慢速稳定运行中，轿厢继续上行，当轿厢顶上、下平层传感器插入轿厢导轨上的平层隔磁板，YD 失电。制动器闸闸，电梯停靠平层，并开门，具体过程如下。

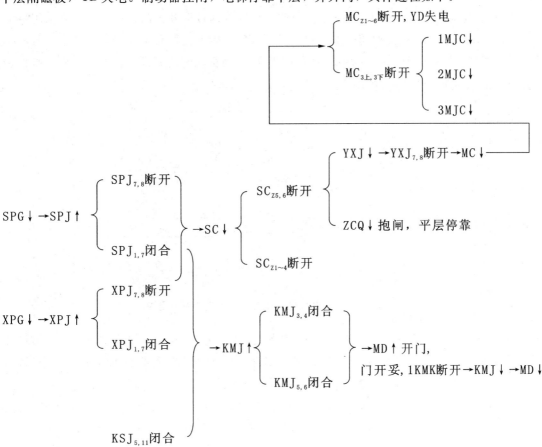

7. 电梯关门，前往 4 楼，响应 4 楼乘员的下行召唤信号

前往 3 楼的乘员离开轿厢后，电梯自动关门。由于 4 楼登记有召唤下行的信号，电梯关门后，便前往 4 楼，电梯的启动过程与电梯在 1 楼时的启动相仿。当到达上行换速点后其换速过程如下。

$$4THG_8闭合 \rightarrow 4THJ\uparrow \begin{cases} 4THJ_{3,4}闭合 \\ \\ 4THJ_{9,10}断开 \rightarrow TFJ\downarrow \rightarrow TFJ_{1,7}闭合（延时后才断开） \end{cases}$$

$$\left.\begin{matrix} 4XZJ_{2,7}闭合 \\ \\ SKJ_{3,4}闭合 \end{matrix}\right\} \rightarrow TJ\uparrow$$

停站控制继电器 TJ 得电后，电梯换速地控制与电梯在 3 楼换速 TJ 得电后的控制相仿，从而实现电梯快速到慢速平稳运行轿厢碰到上、下平层传感器后停靠平层开门的过程和电梯 3 楼停层开门相仿。

技术与应用——直流电动机开关门控制系统

我国自 20 世纪 60 年代后期～90 年代中期生产的电梯自动开关门机构，几乎都采用直流电动机作为动力源。90 年代中期后生产的电梯开关门机构，也仍有很大部分采用直流电动机作为动力源的。这种电动机的供电电压为直流 110V。为实现开门速度可调，常采用在电枢绕组电路中串、并联可调电阻器的调速方式，如图 3-27 所示。

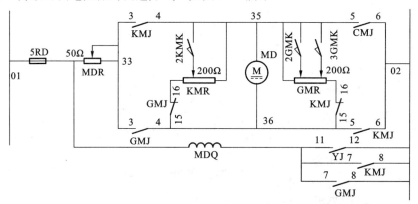

图 3-27　门驱动直流电动机开关门控制电路原理图

图 3-27 中，MD 为直流门电动机的电枢绕组，MDQ 为直流门电动机的励磁绕组。电枢绕组 MD 电路串有电阻器 MDR，通过 KMR 和 GMR 电阻器及调速开关 2KMK 和 2～3GMK 调速开关，实现电梯开门控制和关门控制，过程如下。

（1）开门继电器 KMJ 的触点 $KMJ_{3,4}$ 和 $KMJ_{5,6}$ 及关门继电器 GMJ 的触点 $GMJ_{3,4}$ 和 $GMJ_{5,6}$ 分别组成的桥式电路改变输入门电动机电枢绕组的电源极性，实现运行方向相反的开门和关门。

（2）通过 MDR 和 KMR 及调速开关 2KMK 实现关门过程的速度调节。通过 MDR 和 GMR 及调速开关 2～3GMK 实现关门过程的速度调节。调速过程中，控制电路原理的等效电路如图 3-28 所示。

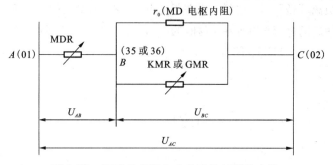

图 3-28　门驱动直流电动机开关门等效电路

在图 3-27 的等效电路中：

$$R_{AC} = R_{AB} + R_{BC}$$

$$= MDR + \frac{r_0 \times KMR\ （或\ GMR）}{r_0 + KMR\ （或\ GMR）} \tag{3-6}$$

所以

$$U_{AC} = U_{AB} + U_{BC}$$

$$U_{BC} = U_{AC} - U_{AB}$$

因此在调试过程中，如果 $MDR\uparrow \rightarrow U_{AB}\uparrow \rightarrow U_{BC}\downarrow$，$U_{BC}$ 减少，即端电压降低，电梯的开关速度降低，如果 $MDR\downarrow$，效果则相反。观察式（3-6），发现当 MDR 不变，而改变 KMR 或 GMR 的阻值时，同样可以实现 U_{AB} 或 U_{BC} 之间的电压分配，使 U_{BC} 增大或减少，实现开关门的速度调节。但改变 KMR 或 GMR 的效果没有改变 MDR 明显，因此 MDR 称为粗调电阻（而且对开关门速度均具调节控制作用），而 KMR 或 GMR 称为细调电阻。在实际调整的过程中，应反复调整 MDR、GMR 的阻值和 2RMK、2～3GMK 作用点的最佳时间和位置，以实现最佳开关门效果。

技能与实训——门机故障排除

一、技能目标

掌握常见的电气故障检查法，熟悉门机电路，掌握门机电路故障检查和排除。

二、实训材料

万用表、验电笔、螺钉旋具、尖嘴钳、剥线钳、铜芯导线等。

三、操作步骤

电梯的电气控制图如图 3-26 所示，由老师设置故障点，使得电梯既不能关门也不能开门。

1. 检查熔断器

用万用表检查控制电路的熔断器 3FU、4FU 或门机熔断器 5FU 是否松动或熔断，如果松动或熔断，请拧紧或更换。

2. 检查门机传动带

查看门机传动带是否打滑，如果发生打滑，请张紧皮带。

3. 检查门机电机 MD

用电压法检测门电机 MD。按下开门或是关门按钮，用万用表测量 35 与 36 号线之间的电压，如果直流电压为 110V，而电机不转，说明电机损坏。如果直流电压为零，则表明存在断路。

4. 检查门机电阻 MDR

用电阻法检测门机电阻 MDR 断电，用万用表的电阻挡检测门机电阻 MDR 的电阻值，如为无穷大，则说明门机电阻断丝，更换门机电阻 MDR。

5. 检查门机个别连接端点

用验电笔检查 35、36、31、33 连接点是否松动、脱落。如果松动、脱落，将其拧紧使线路畅通。

6. 检查开关门继电器

用电压法检查开关门继电器 KMJ 和 GMJ。按下开关门按钮，用万用表检测线圈两端的电压值。如果电压值正常，而触头不吸合，说明线圈断路或损坏，更换继电器。

7. 检查线路当中的其他开关和触点

上述电路部位都已检查过，如果故障仍未排除，请依次检查电路中的其他开关和触点，直至故障排除。

四、综合评价

门机故障排除实训综合评价表如表 3-4 所示。

表 3-4　门机故障排除实训综合评价表

序　号	主　要　内　容		评　分　标　准	配　分	扣　分	得　分
1	准备工作		准备工作不充分，每处扣 5 分	10		
			工具准备不全，扣 5 分			
2	检查熔断器		未正确检查熔断器，扣 10 分	10		
3	检查门机传动带		未检查门机传动带，扣 5 分	5		
4	检查门机电机 MD		未正确使用电压法，扣 10 分	10		
5	检查门机电阻 MDR		未正确检查出门机电阻是否有故障，扣 10 分	10		
6	检查门机个别连接端点		未正确使用验电笔，扣 5 分	5		
7	检查开关门继电器		未正确检查开关门继电器是否有故障，扣 20 分	20		
8	检查线路当中其他的开关和触点		未正确检查线路当中其他的开关和触点，每处扣 20 分	20		
9	职业规范团队合作	安全文明生产	违反安全文明操作规程，扣 3 分	10		
		组织协调与合作	团队合作较差，小组不能配合完成任务，扣 3 分			
		交流与表达能力	不能用专业语言正确、流利地简述任务成果，扣 4 分			
合计				100		

3.6　交流双速、集选 PLC 控制电梯电气控制系统工作原理

➢ 本节简要介绍 PLC 的特点。

➢ 本节主要介绍交流双速、集选 PLC 控制电梯电气控制系统的工作原理。

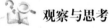 观察与思考

　　PLC 电梯电气控制系统有哪些优点？PLC 又称可编程序控制器，是一种工业控制用微机，可以在强电和恶劣的条件下工作，易于实现机电一体化，同时具有程序编制简单、应用设计和调试简便、周期短、运行可靠、无故障时间长等显著优点。

3.6.1　PLC 的特点

　　用继电器作为中间过程和管理控制的电梯需要较多的继电器、按钮、开关等器件，造成电梯的故障率高，可靠性差，运行效果不能令人满意，而采用 PLC 取代中间过程控制继电器，PLC 内的各种类似继电器的软电路单元较多，功能丰富，点和触点又可多次重复使用，电梯的大部分功能通过梯形图程序就可以实现，控制的电路简单了很多，运行可靠性明显提高。它具有其他电子设备难以找到的一些优点和特点，PLC 的特点如下。

　　（1）对使用条件没有苛刻要求。

　　（2）高可靠性，PLC 一般的无故障时间为 4～5 万小时。

（3）编程简单，使用方便。PLC 采用类似于继电器控制形式的梯形图进行编程，简单易学。

（4）能和强电一起工作，易于实现机电一体化。PLC 拥有周全的抗干扰措施，采用大规模集成电路技术，将其设计制作小巧的装置，利于实现机电一体化。

（5）有输入点和输出点（I/O）工作状态显示，维修方便。PLC 面板或显示屏上有对应的状态显示灯（发光二极管），维修人员可以根据各指示灯的亮或灭的情况，判断系统的工作状态，极大地提高分析、判断、排除故障的效率，减少停机待修时间。

PLC 的众多优点使得采用 PLC 控制的电梯产品投放市场后备受广大用户的欢迎。图 3-29 是交流双速、集选 PLC 控制、5 层 5 站电梯电路原理图，其中采用的 PLC 是日本立石（OMRON）公司生产的 C60P 型 PLC，其梯形图程序如图 3-30 所示。

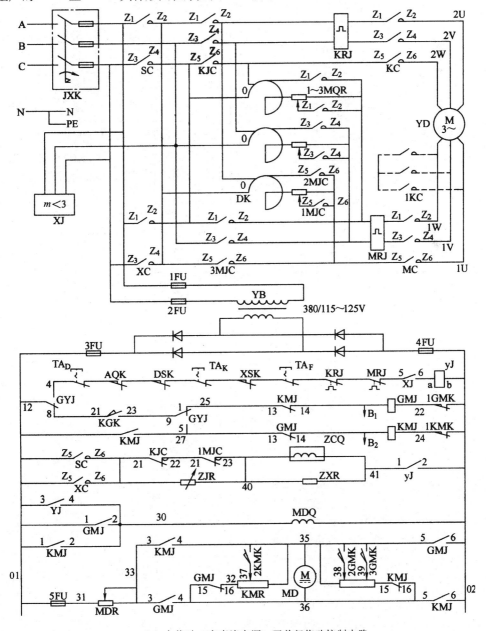

（a）主拖动、交直流电源、开关门拖动控制电路

图 3-29　交流双速、集选 PLC 控制、5 层 5 站电梯电路原理图

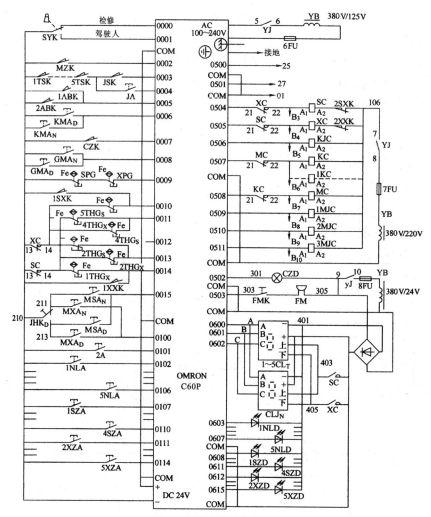

（b）PLC及输入输出控制电路

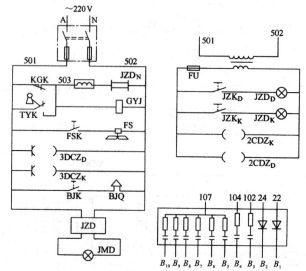

（c）照明、上下班开关门控制、PLC输出点保护电路

图 3-29　交流双速、集选 PLC 控制、5 层 5 站电梯电路原理图（续）

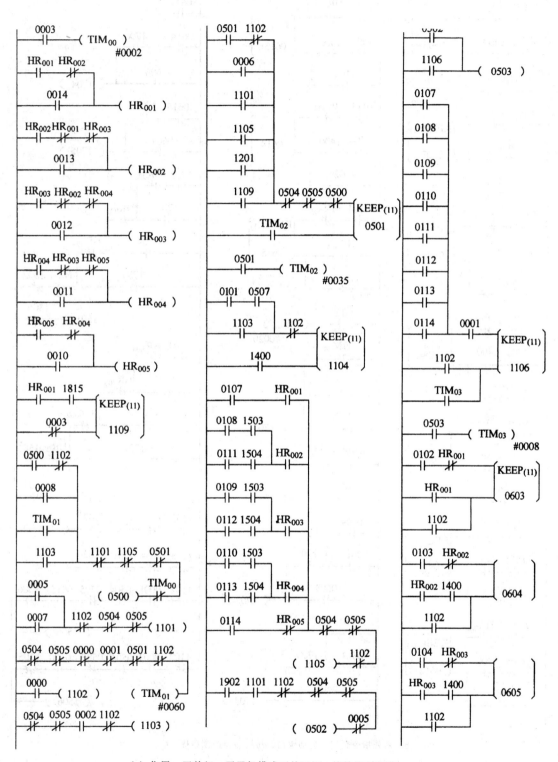

（a）位置、开关门、无司机模式下关开门、蜂铃控制程序

图 3-30　与电路原理图 3-29 配套使用的 PLC 梯形程序

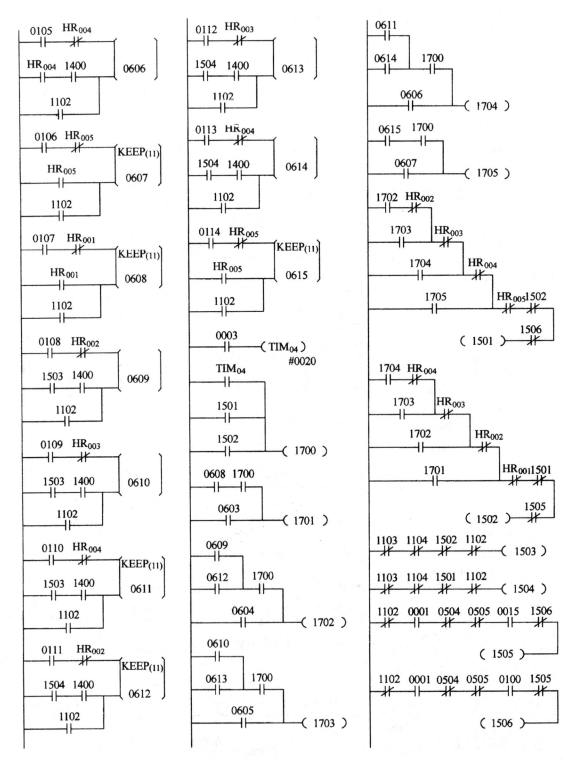

（b）内外指令登记、自动定向、司机强换控制程序

图 3-30　与电路原理图 3-29 配套使用的 PLC 梯形程序（续）

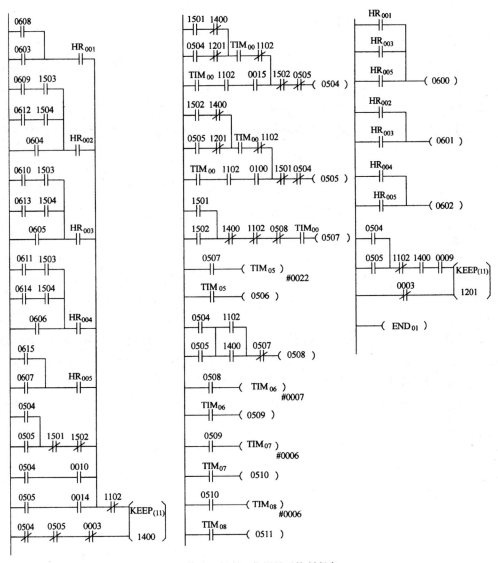

（c）换速、运行、位置显示控制程序

图 3-30　与电路原理图 3-29 配套使用的 PLC 梯形程序（续）

3.6.2　交流双速、集选 PLC 电梯的开关门操作及控制原理

1. 电梯的关门操作及控制原理

（1）通过关门按钮 GMA_N 或 GMA_D 实现关门。

按下GMA_N或是GMA_D→0008↑→0500↑→01、25号线接通→GMJ↑$\begin{cases} GMJ_{3,4}闭合 \\ GMJ_{5,6}闭合 \end{cases}$→MD↑

（2）在无驾驶人员模式下，电梯停靠 1 号楼后开门，经过预定时间后自动关门。

$$0501\uparrow\begin{cases}\text{电梯开门}\\[3em]3.5\ \text{s后,}TIM_{02}\uparrow\rightarrow0501\downarrow\text{开门完成}\rightarrow6\ \text{s后,}TIM_{01}\uparrow\rightarrow0500\uparrow\rightarrow01\text{、}25\text{号线接通}\\\rightarrow GMJ\uparrow\rightarrow MD\uparrow\end{cases}$$

（3）关闭电梯时关门。关闭电梯首先将电梯召回基站，使稳装于轿梁立梁的限位开关打板碰压稳装于轿厢导轨上的厅外开关门控制开关 KGK，KGK 闭合，然后扭动钥匙开关 TYK，使 501、503 号线断开

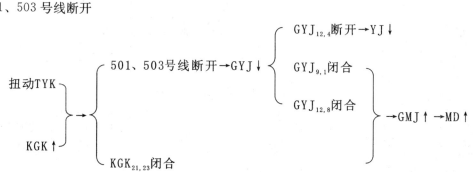

（4）满载关门。此电梯具有满载关门的功能，当满载时，轿厢称重装置的满载开关 MZK 动作。

MZK 闭合→$0002\uparrow$→$1103\uparrow$→$0500\uparrow$→01、25 号线接通→$GMJ\uparrow$→$MD\uparrow$满载关门

2. 电梯的开门操作及控制原理

（1）开放电梯时开门控制原理：首先管理人员用专用钥匙扭动钥匙开关 TYK，使 501、503 号线接通。

501、503号线接通→$GYJ\uparrow$→$GYJ_{12,14}$闭合→$YJ\uparrow$→$YJ_{5,6}$闭合⌐

└→PLC的继电器1815动作一个扫描周期→$1109\uparrow$→$0501\uparrow$→01、27号线接通→$KMJ\uparrow$┐

$$\rightarrow\begin{cases}KMJ_{3,4}\text{闭合}\\KMJ_{5,6}\text{闭合}\end{cases}\rightarrow MD\uparrow$$

（2）通过开门按钮，KMA_N 或 KMA_D 实现开门。

按下 KMA_N 或 KMA_D→$0006\uparrow$→$0501\uparrow$→01、27 号线接通→$KMJ\uparrow$→$MD\uparrow$

（3）电梯停靠平层自动开门。电梯到达平层允差范围时，轿厢顶的上、下平层传感器 SPG、XPG 均插入对应层站的平层隔磁板，则 $SPG\downarrow$、$XPG\downarrow$。

$$\begin{cases}SPG\downarrow\\[2em]XPG\downarrow\end{cases}\rightarrow0009\uparrow\rightarrow1201\uparrow\rightarrow0504\uparrow\rightarrow0501\uparrow\rightarrow01\text{、}27\text{号线接通}\rightarrow KMJ\uparrow\rightarrow MD\uparrow$$

（4）本层开关。关门停靠层有乘员按下召唤箱上的上行召唤按钮 SZA 和下行召唤按钮 XZA 时 0107～0110，或 0111～0114 接通→1105↑→0501↑→01、27 号线接通→KMJ↑→MD↑

（5）安全触板开门。若有乘员碰压轿厢门上的安全触板，安全触板开关 1ABK、2ABK 闭合，则 0005↑→1101↑→0501↑→01、27 号线接通→KMJ↑→MD↑

（6）超载开门。电梯超载时，位于轿厢的超载开关 CZK 动作闭合 0007↑→1101↑→0501↑→01、27 号线接通→KMJ↑→MD↑

3.6.3　交流双速、集选 PLC 电梯的运行模式

驾驶人员/管理员可根据需要将电梯置于有驾驶人员控制模式、无驾驶人员控制模式和检修慢速运行 3 种工作模式。

1．有驾驶人员控制模式

扭动钥匙开关 SYK，使 PLC 输入点 0001 接通，置为有驾驶人员控制模式。在这种模式下，$0001↑→TIM_{01}↓$ 无法在开门后经预定时间自动开关。电梯有驾驶人员模式关门启动。

2．无驾驶人员模式控制

置 SYK 使 PLC 输入点 0000、0001 均处于断开状态，电梯被置于无驾驶人员模式。此模式下，电梯开门后可自动关门，并能实现平层关门。

3．检修慢速运行模式

置 SYK 使 PLC 输入点 0000 处于接通状态，电梯被置于检修慢速控制模式。在此模式下，轿内外指令信号登记不上，只能通过轿内检修慢速上行按钮 MSA_N 和轿厢顶检修慢速上行按钮 MSA_D，或轿内检修慢速下行按钮 MXA_N 和轿厢顶检修慢速下行按钮 MXA_D 点控制电梯上、下慢速运行。其控制过程如下。

（1）扭动钥匙开关 SYK，使 $0001↑→1102↑$。

（2）置轿内/轿厢顶慢速转换开关 JHK_D，使 210 号与 211 接通。

（3）关门：门关妥 $0003↑→0.2 s$ 后，$TIM_{00}↑$。

① 点动慢速上行：

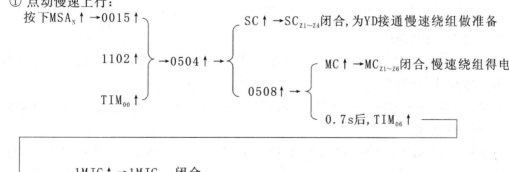

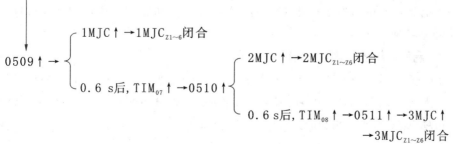

② 点动慢速下行：

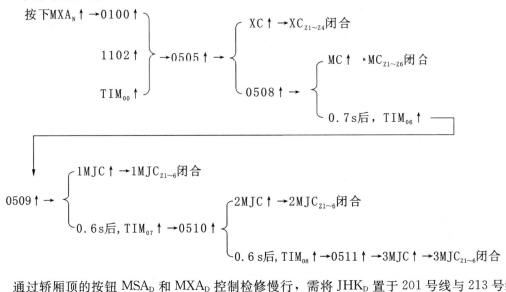

通过轿厢顶的按钮 MSA_D 和 MXA_D 控制检修慢行，需将 JHK_D 置于 201 号线与 213 号线，控制原理与 MSA_N 和 MXA_N 相仿，不再重复。

3.6.4 交流双速、集选 PLC 电梯的控制原理

下面通过一个例子来具体分析电梯 PLC 控制的过程：电梯工作在无驾驶人员的模式，关门停靠在 1 楼，1 楼有乘员召唤电梯前往 4 楼。5 楼有乘员需要前往 1 楼，同时 2 楼也有乘员准备前往 4 楼。具体情况过程如下。

1. 1 楼乘员上行召唤

1 楼乘员按下上行召唤按钮 1SZA，电梯开门。

$$1SZA 闭合 \rightarrow 0107 \uparrow \Big\}$$
$$\rightarrow 1105 \uparrow \rightarrow 0501 \uparrow \rightarrow KMJ \uparrow \rightarrow MD$$

电梯停靠在 1 楼 $1THG_S$ 断开 $\rightarrow 0014 \uparrow \rightarrow HR_{001} \uparrow$

2. 5 楼乘员下行召唤

5 楼乘员按下下行召唤按钮 5XZA。5XZA 闭合 $\rightarrow 0114 \uparrow \rightarrow 0615 \uparrow$，为接通 1705 做准备。

3. 2 楼乘员上行召唤

2 楼乘员按下上行召唤按钮 2SZA。2SZA 闭合 $\rightarrow 0108 \uparrow \rightarrow 0609 \uparrow$，为接通 1400 做准备。

4. 登记指令信号

1 楼乘员进入电梯按下轿内指令按钮 4NLA，4NLA 闭合 $\rightarrow 0105 \uparrow \rightarrow 0606 \uparrow$，4NLD 亮，登记指令信号，准备接通 1704 或 1400。

5. 电梯关门、启动、加速、满加速运行

乘员按下关门按钮 $GMA_N \rightarrow 0008 \uparrow \rightarrow 0500 \uparrow \rightarrow GMJ \uparrow \rightarrow MD \uparrow$ 关门，或开门后经过一段时间自动关门：$0501 \uparrow \rightarrow 3.5s$ 后，$TIM_{02} \uparrow \rightarrow 0501 \downarrow$ 开门完成 $\rightarrow TIM_{01} \uparrow \rightarrow 0500 \uparrow \rightarrow GMJ \uparrow \rightarrow MD \uparrow$ 关门。门关妥后，电梯启动、加速、满载加速运行，其过程如下。

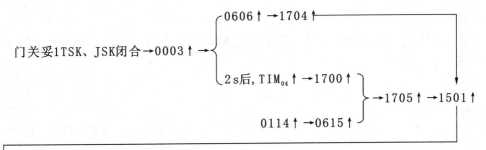

门关妥1TSK、JSK闭合→0003↑→

- 0606↑→1704↑
- 2 s后，TIM₀₄↑→1700↑
  →1705↑→1501↑
- 0114↑→0615↑

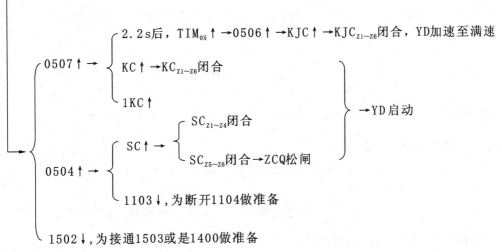

0507↑→
- 2.2 s后，TIM₀₅↑→0506↑→KJC↑→KJC_{Z1~Z6}闭合，YD加速至满速
- KC↑→KC_{Z1~Z6}闭合
- 1KC↑
  →YD启动

0504↑→
- SC↑→
  - SC_{Z1~Z4}闭合
  - SC_{Z5~Z6}闭合→ZCQ松闸
  →YD启动
- 1103↓，为断开1104做准备

1502↓，为接通1503或是1400做准备

6. 顺向截梯

2楼有乘员召唤电梯去4楼，等到达2楼换速点时，电梯切换为慢速运行：

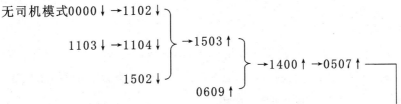

无司机模式0000↓→1102↓
1103↓→1104↓
1502↓
→1503↑
0609↑
→1400↑→0507↑

- KC↓→KC_{Z1~Z6}断开，YD快速绕组失电

0508↑→
- MC↑→MC_{Z1~Z6}闭合，YD慢速绕组得电
- 0.7 s后TIM₀₆↑→0509↑→
  - 1MJC↑，短接部分电阻抗
  - 0.6 s后TIM₀₇↑→0510↑

- 2MJC↑，短接部分电阻抗
- 0.6 s后TIM₀₈↑→0511↑→3MJC↑

7.2 楼停靠开门

电梯到达 2 楼平层允许范围内，上、下平层传感器 SPG、XPG 均插入轿厢导轨上的平层隔磁板，则 SPG↓、XPG↓。

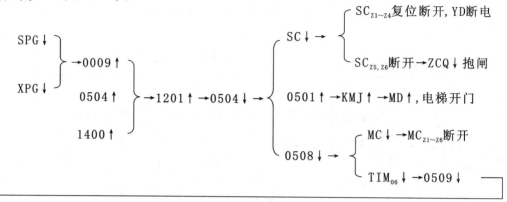

8. 电梯关门、启动、加速和满速运行

2 楼乘员进入轿厢，由于和 1 楼乘员一样前往 4 楼，故不必再按轿内指令按钮 4NLA 登记，电梯关门、启动、加速和满载加速过程与电梯在 1 楼关门、启动、加速和满载加速过程相仿，此处不再重复。

9. 响应指令登记信号

电梯加速运行，到达 3 楼时，由于 3 楼无召唤和指令登记信号，1400 和 1201 不会接通。电梯不会减速和停层，电梯继续加速运行，到达 4 楼换速点时，轿厢顶换速隔磁板插入轿厢导轨上的换速传感器 $4THG_s$，电梯由快速换为慢速运行：

$$4THG_s↓→0011↑→HR_{004}↑$$

$$→1400↑→0507↓→\begin{cases} KC↓, YD快速运行绕组失电 \\ 0508↑ \end{cases}$$

$$0606↑$$

$$\begin{cases} MC↑, YD慢速运行绕组得电 \\ 0.7s后TIM_{06}↑→0509↑→\begin{cases} 1MJC↑ \\ 0.6s后TIM_{07}↑→0510↑→\begin{cases} 2MJC↑ \\ 0.6s后TIM_{08}↑ \end{cases} \end{cases} \end{cases}$$

$$→0510↑→3MJC↑, 短接全部电阻抗, 慢速运行$$

10. 4 楼停靠开门

电梯到达 4 楼平层允许范围内，施闸停靠开门，与 2 楼停靠开门控制过程相仿。

11. 电梯关门、启动、加速和满速运行

原 1 楼和 2 楼乘员走出电梯，电梯自动关门过程与电梯在 1 楼时关门相仿，由于 5 楼有下行召唤信号，故电梯继续上行，电梯的启动、加速、满载加速上行过程与电梯在 1 楼时启动、加速、满载加速上行过程相仿。

12. 响应召唤信号

到达 5 楼换速点时，电梯换速，其过程如下。

$$5THG_S\downarrow \rightarrow 0010\uparrow \rightarrow HR_{005}\uparrow$$

$$\left.\begin{array}{l} \\ 0615\uparrow\end{array}\right\} \rightarrow 1400\uparrow \rightarrow 0507\downarrow \rightarrow \left\{\begin{array}{l}KC\downarrow, YD快速运行绕组失电\\[6pt] 0508\uparrow\end{array}\right.$$

$$\left\{\begin{array}{l}MC\uparrow, YD慢速运行绕组得电\\[6pt] 0.7s后TIM_{06}\uparrow \rightarrow 0509\uparrow \rightarrow \left\{\begin{array}{l}1MJC\uparrow\\[6pt] 0.6s后TIM_{07}\uparrow \rightarrow 0510\uparrow \rightarrow \left\{\begin{array}{l}2MJC\uparrow\\[6pt] 0.6s后TIM_{08}\uparrow\end{array}\right.\end{array}\right.\end{array}\right.$$

$$\rightarrow 0510\uparrow \rightarrow 3MJC\uparrow, 短接全部电阻抗, 慢速运行$$

13. 5 楼停靠开门

到达 5 楼平层允许范围内，施闸停靠开门，与到达 2 楼停靠开门过程相仿。

技术与应用——PLC 控制电梯电气控制系统常用的两个指令

1. KEEP（FUNll）指令

KEEP（FUNll）指令常被用于内、外指令信号登记的 PLC 梯形图程序控制环节，其继电器控制原理和 PLC 控制的梯形图程序如图 3-31 所示。

图 3-31（a）是继电器控制电路原理图。图 3-31（b）中的 KEEP（11），称为锁存指令，适用于 PLC 内的输出点、辅助和保持继电器等。0502 是 PLC 输出点的继电器线圈代号，它相当于图 3-31（a）中的 1NLJ 和 3NLJ 两个电磁式继电器，0107 和 0109 相当于层楼主令按钮 1NLA 和 3NLA，1000 为电梯到达准备停靠层站提前控制换速的 PLC 软继电器。采用 KEEP（11）指令的 0502 继电器线圈有两个输入端，上输入端称为 S 端，下输入端称为 R 端。当 0502 的 S 端的梯形图竖母线接通时，0502 动作；当 R 端与梯形图竖母线接通时，0502 复位；当 S 端和 R 端同时接通时，R 端优先，0502 处于复位状态。当驾驶人员点按 1 楼主令按钮时，1NLA↑ → 0107↑→0502↑，并保持动作状态，1 楼主令信号设置被登记，到达 1 楼的换速点时，1THG↑

→1000↑…电梯换速，0502 的 R 端与梯形图的竖母线接通，0502↓1 楼主令信号被消除。KEEP (11) 指令具有的这一性能使电的许多性能得以完美实现。

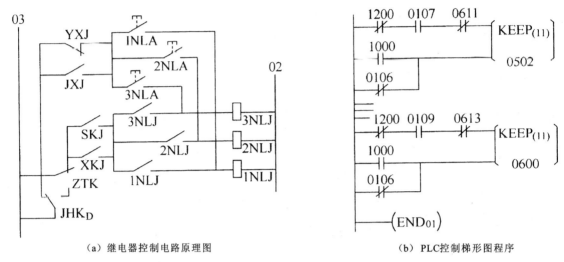

（a）继电器控制电路原理图　　　　　　（b）PLC 控制梯形图程序

图 3-31　继电器控制电路原理图和 PLC 控制梯形图程序

2. TIM 和 TIMH 定时器

各种 PLC 均具有性质相同、数量不等的定时器。TIM 定时器的计量单位为 0.1s，TIMH 定时器的计量单位为 0.01s。PLC 使用定时器使得电路更加简单，调整更方便。定时器是 PLC 控制电梯的梯形图程序中必不可少的指令之一。图 3-32 是继电器控制电梯启动、加速电路原理图和 PLC 控制梯形图程序，其控制原理在此就不再赘述。除此之外，还可能使用 $DIFD_{(13)}$ 和 $DIFU_{(14)}$ 前后沿微分指令、CMP 比较指令、CNT 计数指令、CNTR 可逆计数指令等，因篇幅所限，不便多述，读者如需要也可查阅相关 PLC 的使用手册。

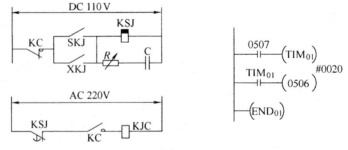

（a）继电器控制电梯起动、加速电路原理图　　（b）PLC 控制梯形图程序

图 3-32　继电器控制电梯启动、加速电路原理图和 PLC 控制梯形图程序

技能与实训——电梯无法启动故障排查

一、技能目标

掌握常见的电气故障检查法，熟悉电梯电气控制电路，掌握电路故障检查和排除的方法。

二、实训材料

万用表、验电笔、螺钉旋具、尖嘴钳、剥线钳、铜芯导线等。

三、操作步骤

电梯的电气控制图如图 3-29 所示，电梯置于无驾驶人员模式，选层关门后，电梯不启动。

1. 检查门联锁

检查层门锁开关 TSK、轿厢门锁开关 JSK 是否存在故障。查看 PLC 的 X0003 输入指示灯是否点亮。如果是熄灭状态，则说明层门锁开关 TSK、轿厢门锁开关 JSK 存在故障。

2. 检查选层回路

检查选层回路 1NLA～5NLA 是否存在故障。依次按下 1NLA～5NLA，查看 PLC 的 X_{0102}～X_{0105} 输入指示灯是否点亮。如果是熄灭状态，则说明选层回路 1NLA～5NLA 是否存在故障。

3. 检查相序继电器 XJ

用短接法检查相序继电器 XJ。用短接法检查 $XJ_{5,6}$ 是否断开，如果加电不能正常吸合，请查看是否存在缺相，或是相序继电器 XJ 损坏。

4. 检查电压继电器 YJ 线圈

用电压法检查电压继电器 YJ。用万用表检查电压继电器 YJ 线圈两端电压是否正常。如果电压值正常，而触头不吸合，说明线圈断路或是损坏。

5. 检查电压继电器 YJ 触点

用短接法检查电压继电器触点 $YJ_{3,4}$ 和 $YJ_{7,8}$。将 $YJ_{3,4}$ 和 $YJ_{7,8}$ 短接，加电后如果电动机启动，说明电压继电器触点 $YJ_{3,4}$ 或是 $YJ_{7,8}$ 断开，存在故障；然后再将 $YJ_{3,4}$ 或是 $YJ_{7,8}$ 处短接线去掉，若去掉后加电电动机启动，则说明被短接触点存在故障。

6. 检查 PLC 输出点

检查 PLC 输出点是否存在故障。在排除了上述故障之后，根据选择层的情况，查看 PLC 的 Y_{0505} 或是 Y_{0504} 输出指示灯是否点亮。如果是熄灭状态，则说明 PLC 输出点存在故障。

7. 检查上行继电器 SC 和下行继电器 XC

检查上行继电器 SC 和下行继电器 XC 是否存在故障。在排除了上述故障之后，用电压法检查上行继电器 SC 和下行继电器 XC 的线圈和触点，检查方法与电压继电器 YJ 的检查方法相似。

8. 检查电路中其他的开关和触点

上述电路部位都已检查过，如果故障仍未排除，请依次检查电路中其他的开关和触点，直至故障排除。

四、综合评价

电梯无法启动故障排除实训综合评价表如表 3-5 所示。

表 3-5　电梯无法启动故障排除实训综合评价表

序　号	主　要　内　容	评 分 标 准	配　分	扣　分	得　分
1	准备工作	准备工作不充分，每处扣 5 分	10		
		工具准备不全，扣 5 分			

序 号	主 要 内 容		评 分 标 准	配 分	扣 分	得 分
2	检查门联锁		未检查门联锁，扣 5 分	5		
3	检查选层回路		未检查选层回路，扣 10 分	10		
4	检查相序继电器 XJ		未检查相序继电器，扣 10 分	10		
5	检查电压继电器 YJ 线圈		未正确检查电压继电器线圈，扣 10 分	10		
6	检查电压继电器 YJ 触点		未正确检查电压继电器触点，扣 5 分	5		
7	检查 PLC 的输出点		未检查 PLC 的输出点，扣 10 分	10		
8	检查上行继电器 SC 和下行继电器 XC		未正确检查上、下行继电器是否有故障，扣 20 分	20		
9	检查线路当中其他的开关和触点		未正确检查线路当中其他的开关和触点，每处扣 10 分	10		
10	职业规范团队合作	安全文明生产	违反安全文明操作规程，扣 3 分	10		
		组织协调与合作	团队合作较差，小组不能配合完成任务，扣 3 分			
		交流与表达能力	不能用专业语言正确、流利地简述任务成果，扣 4 分			
合 计				100		

3.7　变频调速、集选 PLC 控制电梯电气控制系统工作原理

➢ 本节主要介绍变频调速、集选 PLC 控制电梯电气控制系统及其工作原理。

观察与思考

变频调速、集选 PLC 控制电梯电气控制系统有什么特点？变频调速、集选 PLC 控制电梯电气控制系统相对于交流双速有级的变极调速，具有调速范围广、精度高、噪声小、能耗低等特点，是电梯拖动系统今后发展的必然趋势。

3.7.1　概述

图 3-33 是 VVVF 拖动、集选 PLC 控制、4 层 4 站电梯电路原理图，主要包括的电梯部件有操纵箱、召唤箱、坑底检修箱、限位开关装置、光电开关装置、控制柜和 PLC 等。PLC 采用日本三菱公司生产的 FX2N-64 型 PLC。该型 PLC 详细的信息，请查阅使用其手册。变频器采用安川 616G5，这种变频器的现场调整点比较多，调试相对比较麻烦，但通过认真阅读其说明书，按说明书提示和电梯的运行特点对相关的参数进行调整和设置，一般都能使电梯获得比较满意的乘坐舒适感和使用效果。图 3-34 是与电路原理图配套使用的 PLC 梯形程序。

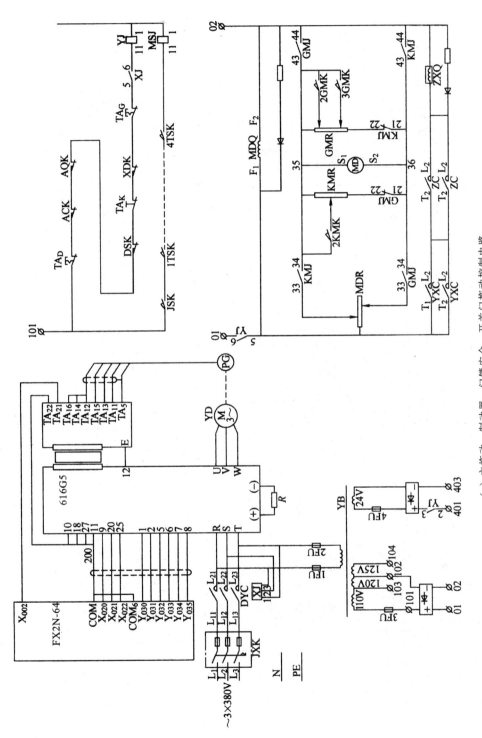

(a) VVVF拖动、主拖动、制动器、门锁安全、开关门拖动控制电路、集选PLC控制、4层4站 电梯电路原理图

图3-33

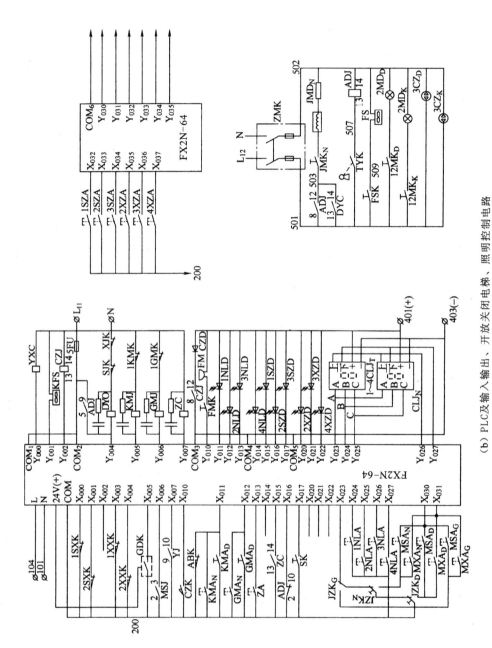

（b）PLC及输入输出、开放关闭电梯、照明控制电路

图3-33　VVVF拖动、集选PLC控制、4层4站电梯电路原理图（续）

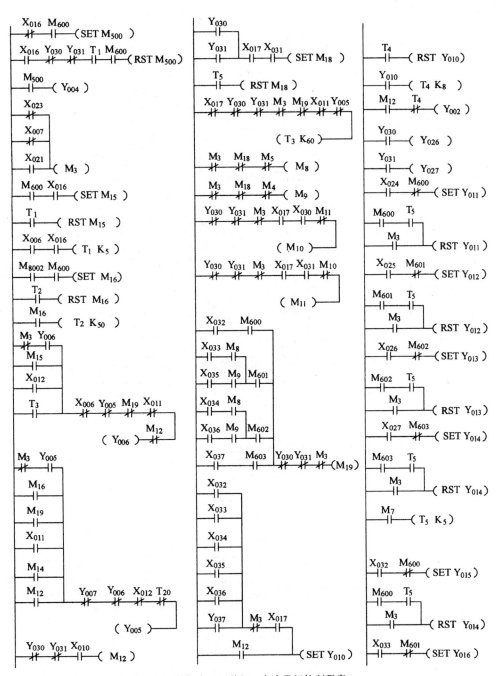

（a）送断电、开关门、主令登记控制程序

图 3-34　与电路原理图配套使用的 PLC 梯形程序

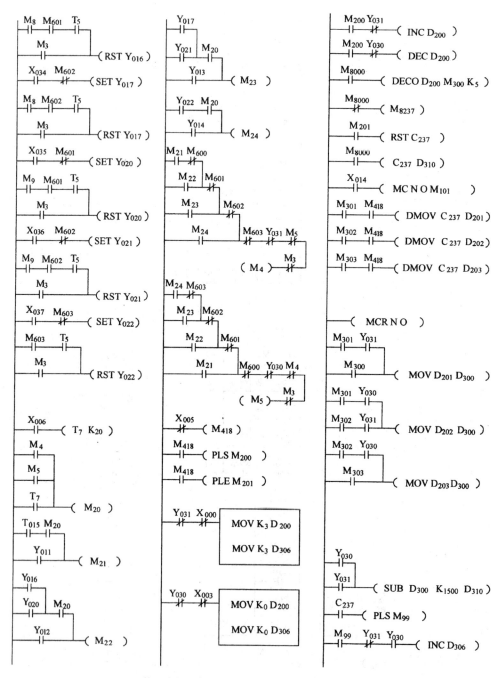

（b）外召登记、自动定向、计数传递储存解码控制程序

图 3-34　与电路原理图配套使用的 PLC 梯形程序（续）

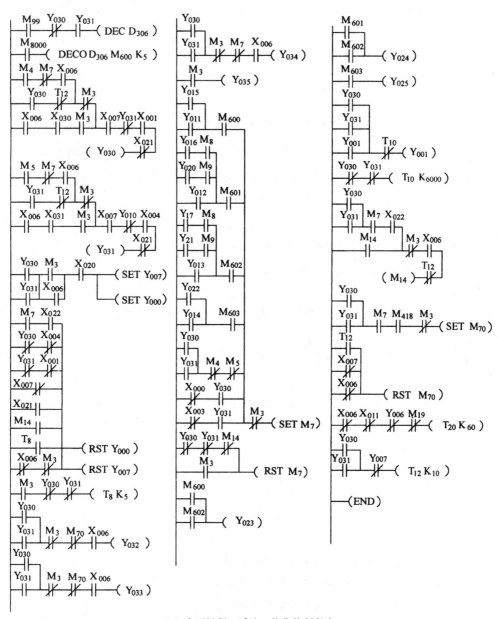

（c）上下运行、减速、停靠控制程序

图 3-34 与电路原理图配套使用的 PLC 梯形程序（续）

3.7.2 变频调速、集选 PLC 电梯的开关门操作及控制原理

1. 电梯的关门操作及控制原理

1）关闭电梯关门

通过 1SXA 将电梯召回基站，电梯到达基站后，PLC 软继电器 $M_{600}\uparrow\rightarrow Y_{023}\uparrow\rightarrow$显示表置显示 1 时。表示电梯已开放，轿厢在 1 楼待命用专用的钥匙按钮 TYK，使 501、507 号线断

开，则 ADJ↓→ADJ$_{2,10}$闭合→X$_{016}$↑→M$_{15}$↑→Y$_{006}$↑→GMJ↑→MD↑，实现关门，门关妥后 TAK、JSK 闭合：

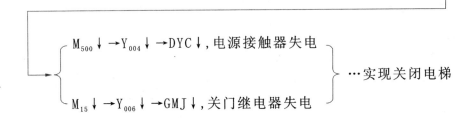

2）通过按钮 GMA$_N$ 或 GMA$_D$ 关门

按下轿内关门按钮 GMA$_N$ 或轿厢顶关门按钮 GMA$_D$，GMA$_N$ 或 GMA$_D$ 闭合→X$_{012}$↑→Y$_{006}$↑→GMJ↑→MD↑…实现轿内、轿厢顶关门按钮关门。

3）自动关门

在无驾驶人员模式下，电梯平层开门。关门后经过 6 s，T$_3$ 动作则 Y$_{006}$↑→GMJ↑→MD↑…实现自动关门。

2. 电梯的开门操作及控制原理

1）开放电梯开门

用专用钥匙扭动 TYK，使 501、507 号线接通，则

ADJ↑→ADJ$_{9,5}$↑→YDC↑→PLC 得电，M8002（动作一个扫描周期）→M$_{016}$↑→Y$_{005}$↑→KMJ↑→MD↑…实现开放电梯开门。

2）本层开门

当电梯停靠关门待命层，有乘员按下召唤箱上的上、下召唤按钮时，SZA 或 XZA 闭合，则图 3-33 中 X$_{032}$~X$_{037}$得电，则 M$_{19}$↑→Y$_{005}$↑→KMJ↑→MD↑…实现平层开门。

3）平层停靠开门

当电梯准备停靠层站的平层位置时，变频器的输出为零，则

X$_{022}$↑→M$_{14}$↑→Y$_{005}$↑→KMJ↑→MD↑…实现平层停靠开门。

4）开门按钮 KMA$_N$、KMA$_D$ 或安全触板 ABK 开门

X$_{011}$↑→Y$_{005}$↑→KMJ↑→MD↑…实现开门按钮 KMA$_N$、KMA$_D$ 或安全触板 ABK 开门。

5）超载开门

当超载时，CZK 闭合→X$_{010}$↑→M$_{12}$↑→Y$_{003}$↑→KMJ↑→MD↑…实现超载开门。

3.7.3 变频调速、集选 PLC 电梯的运行模式

图 3-33 所示电梯，有 3 种模式，可根据需要置于驾驶人员模式、无驾驶人员模式和检修慢速运行 3 种模式。

1. 驾驶人员模式

SY 置于 200 号线与 X$_{017}$接通状态，工作在驾驶人员模式下。在驾驶人员模式下，T3 不能

得电，电梯平层停靠开门后，不能自动关门，电梯的关门、启动由驾驶人员控制。

2. 无驾驶人员模式

SY 置于 200 号线与 X017 断开状态，工作在无驾驶人员模式下。在此模式下，门开妥后自动关门。

3. 检修慢速运行模式

若电梯需保养或故障需维修，只需扳动 JZK_G、JZK_N。JZK_D 使 200 号线与 X_{023} 断开，电梯处于检修模式，工作原理如下。

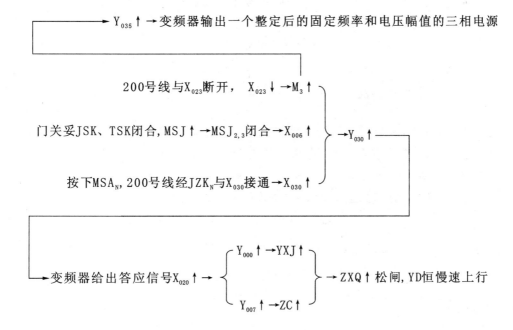

$$Y_{035}\uparrow \rightarrow 变频器输出一个整定后的固定频率和电压幅值的三相电源$$

$$200号线与X_{023}断开，\ X_{023}\downarrow \rightarrow M_3\uparrow$$

$$门关妥JSK、TSK闭合,MSJ\uparrow \rightarrow MSJ_{2,3}闭合 \rightarrow X_{006}\uparrow$$

$$按下MSA_N,200号线经JZK_N与X_{030}接通 \rightarrow X_{030}\uparrow$$

$$\Big\} \rightarrow Y_{030}\uparrow$$

$$变频器给出答应信号X_{020}\uparrow \rightarrow \begin{cases} Y_{000}\uparrow \rightarrow YXJ\uparrow \\ \\ Y_{007}\uparrow \rightarrow ZC\uparrow \end{cases} \rightarrow ZXQ\uparrow 松闸,YD恒慢速上行$$

轿内控制检修慢行、下行，以及轿厢顶、机房控制上、下检修慢行与上述相仿，不再重复。

3.7.4　变频调速、集选 PLC 电梯的控制原理

下面通过例子来分析电梯的控制过程：电梯已经开放，并在 1 楼关门待命，在无驾驶人员模式下，4 楼有乘员按下下行召唤按钮前往 1 楼，2 楼有乘员按下上行召唤按钮前往 4 楼。具体的控制过程如下。

1.4 楼乘员下行召唤

4 楼乘员按下召唤按钮 4XZA，则

$$4XZA闭合 \rightarrow X_{037}\uparrow \rightarrow Y_{022}\uparrow \begin{cases} 4XZD点亮，4楼下行召唤信号被登记 \\ \\ 为接通M_{24}做准备 \end{cases}$$

2. 电梯上行

电梯在1楼关门待命$X_{006}\uparrow\rightarrow 2s$后，$T7\uparrow\rightarrow M_{20}\uparrow$
$Y_{022}\uparrow$
$\Big\}\rightarrow M_{24}\uparrow\rightarrow M_4\uparrow$

$\rightarrow Y_{030}\uparrow\rightarrow Y_{032}\uparrow$、$Y_{033}\uparrow$、$Y_{034}\uparrow$，这时变频器给出定运行答应信号,使得

$X_{020}\uparrow\rightarrow\begin{cases}Y_{000}\uparrow\rightarrow YXJ\uparrow\rightarrow YXJ_{T2,L2}闭合\\[1em]Y_{007}\uparrow\rightarrow ZC\uparrow\rightarrow ZC_{T2,L2}闭合\end{cases}\Big\}\rightarrow ZXQ\uparrow$,制动器线圈得电松闸

同时变频器适时调出整定后的运行速度曲线指令,控制逆变器输出频率和电压连续可调的三相交流电源,实现变频电压调速。电梯曳引机启动、加速、满载运行。

3.2 楼乘员上行召唤

在电梯向4楼前行,还未到达2楼时,2楼乘员按下上行召唤按钮2SZA:

$2SZA闭合\rightarrow X_{033}\uparrow\rightarrow Y_{016}\uparrow\rightarrow\begin{cases}2SZD点亮,2楼上行召唤信号被登记\\[1em]为接通M_7做准备\end{cases}$

4. 顺向载梯

电梯由1楼出发前往4楼运行过程中,光电开关离开每层的遮光板时,光电开关$GDK\uparrow\rightarrow X_{005}$与200号线断开$\rightarrow M_{418}\uparrow\rightarrow PLSM_{200}\uparrow$（动作一个上沿微分周期）$\rightarrow INC_{D200}\uparrow$执行1计数,并将结果转移传送$M_{600}\sim M_{603}$软继电区。$M_{600}\sim M_{603}$中对应的继电器动作,实现电梯的控制。当光电开关离开1楼遮光板时,SUB指令按旋转编码器给出脉冲开始运算计数,当叠积计数与预先存入通道内1~2楼脉冲差等于SUB指令的特定值时:

$M_{601}\uparrow\rightarrow M_7\uparrow\rightarrow\begin{cases}M_{70}\uparrow\rightarrow Y_{032}\downarrow、Y_{033}\downarrow、Y_{034}\downarrow,电梯平滑减速运行\\[1em]0.5s后,T_5\uparrow\rightarrow Y_{016}\downarrow,召唤信号消除\end{cases}$

电梯开始减速运行,曳引电动机YD的电能通过逆变器对电容充电—放电—充电…放电,电梯按照特定的速度曲线减速运行。

5. 停靠开门

当电梯到达2楼的平层允差范围内,变频器的三相电源输出恰好为零,使得

$$X_{022}\uparrow \rightarrow \begin{cases} M_{14}\uparrow \\ \\ Y_{007}\downarrow \end{cases} \rightarrow \begin{cases} Y_{005}\uparrow \rightarrow KMJ\uparrow \rightarrow MD\uparrow \\ \\ 1\,s后，T_{12}\uparrow \rightarrow \begin{cases} M_{14}\downarrow \\ \\ Y_{030}\downarrow \end{cases} \rightarrow M_7\downarrow \rightarrow M_{70}\downarrow \end{cases}$$

6. 电梯关门

2 楼乘员进入电梯，按下轿内关门按钮 GMA_N，则 $X_{012}\uparrow \rightarrow Y_{006}\uparrow \rightarrow GMJ\uparrow \rightarrow MD\uparrow$，电梯关门。

7. 登记指令信号

2 楼乘员按下轿内指令登记信号按钮 4NLA，电梯启动、加速、满载运行。

$$按下4NLA \rightarrow X_{027}\uparrow \rightarrow Y_{014}\uparrow \rightarrow \begin{cases} 4NLD点亮,指令信号被登记 \\ \\ M_{24}\uparrow \rightarrow M_4\uparrow \rightarrow Y_{030}\uparrow \rightarrow Y_{032}、Y_{033}、Y_{034}\uparrow \end{cases}$$

8. 4 楼换速

到达 4 楼上行换速点时开始减速，同顺向载梯相仿，到达 4 楼平层范围内：

$$软继电器M_{603}\uparrow \rightarrow M_7\uparrow \rightarrow \begin{cases} M_{70}\uparrow \rightarrow Y_{030}\downarrow \rightarrow Y_{032}\downarrow、Y_{033}\downarrow \\ \\ 0.5s后，T_5\uparrow \rightarrow Y_{014}\downarrow,召唤信号和指令信号消除 \end{cases}$$

9. 4 楼停靠开门

到达 4 楼平层停靠开门，原理与 2 楼停靠开门相仿，不再重复。

技术与应用——变频调速、集选 PLC 控制电梯投入使用前的试运行

变频调速、集选 PLC 控制电梯在投入使用之前，还要进行以下工作。

1. 慢速试运行

（1）根据变频器说明书，按电梯的性能要求和运行特点设定变频器的有关参数。

（2）按变频器说明书的提示和方法，在曳引电动机无载荷的情况下，通过变频器键面操作，使变频器完成对曳引电动机相关参数的自学，才能实现电梯的最佳运行效果。自学习后，即可通过轿厢顶检修箱控制电梯上下速慢速运行，检查零部件的安装调校状况。

2. 快速运行调试

电梯经慢速上下运行检查校验，确认电梯机电主要零部件技术状态正确良好后，控制电梯

自下而上运行一次，让 PLC 做一次学习，使旋转编码器输出的脉冲存入预定的通道里，作为正常运行时 PLC 实现测距和控制减速的参考信号，自学成功后方可做快速试运行，并根据试运行结果进行认真调整，直到满意为止。

技能与实训——电梯无法关门故障排查

一、技能目标
掌握常见的电气故障检查法，熟悉门机电路，掌握门机电路故障检查和排除。

二、实训材料
万用表、验电笔、螺钉旋具、尖嘴钳、剥线钳、铜芯导线等。

三、操作步骤
电梯的电气控制图如图 3-33 所示，驾驶人员进入轿厢后，电梯无法关门。

1. 检查轿内关门回路
检查轿内关门按钮回路是否存在故障。按下轿内关门按钮 GMA_N，查看 PLC 的 X_{012} 输入指示灯是否点亮。如果是熄灭状态，则说明轿内关门按钮回路存在故障。

2. 检查 PLC 输出点
检查 PLC 输出点是否存在故障。按下轿内关门按钮 GMA_N，查看 PLC 的 Y_{006} 输出指示灯是否点亮。如果是熄灭状态，则说明 PLC 输出点存在故障。

3. 检查轿厢顶关门限位开关
检查轿厢顶关门限位开关 1GMK。将轿厢顶关门限位开关 1GMK 短接，按下轿内关门按钮 GMA_N，如果电梯关门，则说明轿厢顶关门限位开关 1GMK 存在故障。

4. 检查开门继电器线圈
用电压法检查开门继电器线圈 GMJ。上述的故障排除以后，按下轿内关门按钮 GMAN，用万用表检查开门继电器 GMJ 线圈两端电压是否正常。如果电压值正常，而触头不吸合，说明线圈断路或是损坏。

5. 检查开门继电器触点
用短接法检查开门继电器触点 $GMJ_{33,34}$ 和 $GMJ_{43,44}$。将 $GMJ_{33,34}$ 和 $GMJ_{43,44}$ 短接，按下轿内关门按钮 GMA_N，如果电梯关门，则开门继电器触点存在问题；然后拆掉 $GMJ_{33,34}$ 或 $GMJ_{43,44}$ 短接线，如果电梯关门，则被短接触点存在故障。

6. 检查门电机和门电阻
检查门电机 MD 和门电阻 MDR，检查方法和前面的门机故障技能实训检查方法相仿。

7. 检查电路中其他的开关和触点
上述电路部位都已检查过，如果故障仍未排除，请依次检查电路中其他的开关和触点，直至故障排除。

四、综合评价
电梯无法关门故障排除实训综合评价表如表 3-6 所示。

表 3-6　电梯无法关门故障排除实训综合评价表

序　号	主　要　内　容		评　分　标　准	配　分	扣　分	得　分
1	准备工作		准备工作不充分，每处扣 5 分	10		
			工具准备不全，扣 5 分			
2	检查轿内关门回路		未检查轿内关门回路，扣 10 分	10		
3	检查 PLC 的输出点		未检查 PLC 的输出点，扣 10 分	10		
4	检查轿厢顶限位开关		检查轿厢顶限位开关，扣 10 分	10		
5	检查开门继电器线圈		未正确检查开门继电器线圈，扣 10 分	10		
6	检查开门继电器触点		未正确检查开门继电器触点，扣 10 分	10		
7	检查门电机和门电阻		未正确检查门电机和门电阻，扣 10 分	10		
8	检查线路当中其他的开关和触点		未正确检查线路当中其他的开关和触点，每处扣 20 分	20		
9	职业规范团队合作	安全文明生产	违反安全文明操作规程，扣 3 分	10		
		组织协调与合作	团队合作较差，小组不能配合完成任务，扣 3 分			
		交流与表达能力	不能用专业语言正确、流利地简述任务成果，扣 4 分			
合　计				100		

3.8　变频调速、集选微机控制电梯电气控制系统工作原理

➢ 本节主要介绍微机控制电梯的主要方式，并对各种控制方式做了介绍。

➢ 本节详细介绍 VFCL 电梯的电气控制系统。

观察与思考

　　为什么要采用微机控制电梯？随着计算机技术的发展，微型计算机在工业控制系统中得到了广泛的应用，在电梯控制上采用微型计算机，取代传统的继电器控制方式越来越受到人们的重视。

　　微机应用到电梯控制系统上能起到什么作用？微机的功能是很多的，运用到电梯控制系统上主要是用来取代全部或部分的继电器、取代传统选层方法，结合光电编码器实现了数字选层、解决调速问题并能实现复杂的调配管理。

微机应用到电梯控制系统上有什么特点？微机应用到电梯控制系统上有以下特点：

（1）采用无触点逻辑线路，提高了系统的可靠性，降低了维修费用，提高了产品质量。

（2）可改变控制程序，灵活性大；可适应各种不同的要求，实现控制自动化。

（3）可实现故障显示及记录，使维修简便，减少故障时间，提高运行效率。

（4）用微机调速，可提高电梯的舒适感。

（5）用微机实现群控管理，合理调配电梯，可以提高电梯运行效率，节约能源。

（6）微机控制装置体积小，可减少控制装置占地面积。

3.8.1 微机控制电梯的主要方式

微机控制电梯的方式是根据电梯的功能要求及电梯的不同类型进行设计的，因此控制方式各有不同。

1. 单微机控制方式即

单微机控制方式只有一个 CPU（中央处理单元），又可分为以下两种方式。

（1）单板机控制方式：例如用 TP801 组成的控制系统框图如图 3-35 所示。

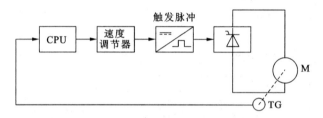

图 3-35　单板机控制方式系统框图

（2）单片机控制方式：即用单片机组成的电梯控制系统。单片机控制方式系统框图如图 3-36所示。

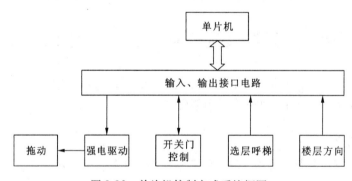

图 3-36　单片机控制方式系统框图

2. 双微机控制方式

在交流调压调速电梯中，采用双微机组成交流电梯控制系统，可使电梯性能大大改善，使舒适感提高，平层精确，可靠性提高。

此种方式由控制系统 CPU 和拖动系统 CPU 及部分继电器组成整个电梯的控制系统，可以实现起制动闭环、稳速开环控制，也可实现全闭环控制。相对于双速电梯，运行的舒适感和平层精度大大提高。双微机控制方式系统框图如图 3-37 所示。

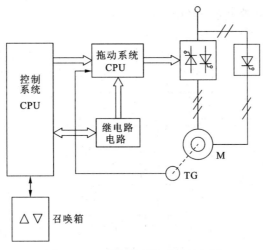

图 3-37 双微机控制方式系统框图

3. 三微机控制方式

三微机控制方式，也称为多微机控制方式。例如，上海三菱的 VFCL 系统，即采用 3 个 CPU 来控制电梯，它的基本控制原理框图如图 3-38 所示。

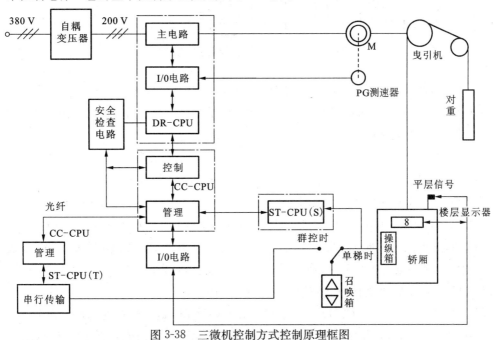

图 3-38 三微机控制方式控制原理框图

3.8.2 VFCL 电梯电气控制系统

1. VFCL 电梯控制系统组成

VFCL 电梯电气控制系统结构主要由管理、控制、拖动、串行传输和接口等部分组成（见图 3-38）。图 3-38 中群控部分与电梯管理部分之间的信息传递采用光纤通信。VFCL 电梯群控系统可管理 4 台电梯。

2. VFCL 电梯控制系统控制总线结构

VFCL 电梯控制系统控制总线如图 3-39 所示。

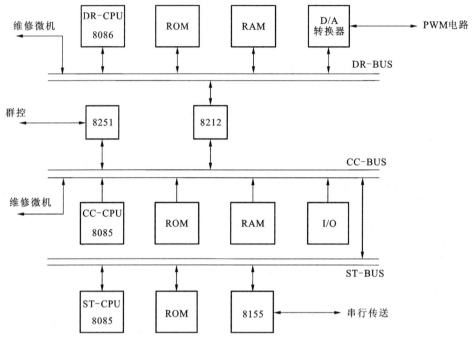

图 3-39　VFCL 电梯控制系统控制总线

CC-CPU 为管理和控制两部分共用，按照不同的运算周期分别进行运算。CC-CPU 采用定时中断方式运行，每次中断，CC-CPU 都执行一次中断子程序，并且对中断次数进行统计，根据统计结果确定转向执行哪些功能子程序。

ST-CPU 主要进行层站召唤和轿内指令信号的采集和处理，层站召唤和轿内指令均采用串行传送信号，层站召唤和轿内指令信号相互独立，分两路串行传送。

DR-CPU 主要对拖动部分进行控制。

CC-CPU 和 ST-CPU 均为 8 位微机，CPU 为 8085。DR-CPU 为 16 位微机，CPU 为 8086。

CC-CPU 和 ST-CPU 通过总线相互连接，为使运算互不干扰，CC-CPU 和 ST-CPU 各自的 ERPOM 地址互不重复，当 CC-CPU 要读 ST-CPU 的信息时，先向 ST-CPU 发出请求信息，ST-CPU 应答后，CC-CPU 才能读取 ST-CPU 的存储器的内容。

CC-CPU 和 DR-CPU 通过 8212 接口连接。由于 CC-CPU 是 8 位微机 8085，而 DR-CPU 是 16 位微机 8086，二者在运算精度上有很大差别，为使二者能够正确传送信息，所以 CC-CPU 总线与 DR-CPU 总线之间用握手芯片 8212 进行连接。DR-CPU 接到来自 CC-CPU 的 8 位数据后，先将其放大 64 倍，再进行 16 位运算，使运行精度得以提高。

CC-CPU 和维修微机通过总线连接，维修微机中的存储器地址和 CC-CPU 存储器地址也互不重复，当维修微机接入后，通过维修微机和键盘可读取 CC-CPU 存储器的内容。

群控时，CC-CPU 配备通信接口 8251 和光纤，与群控系统进行光纤通信，传送电梯与群控交换的信息。同时，ST-CPU（S）不再处理电梯的层站召唤信号，群内各台电梯的所有召唤信号均由群控系统的 ST-CPU（T）处理。

3.VFCL 电梯管理部分

VFCL 的管理部分对整个电梯的运行状态进行协调、管理。VFCL 的管理部分由 CC-CPU
控制，其主要作用如下。

（1）处理层站召唤、轿内指令信号。

（2）决定电梯运行方向。

（3）提出启动、停止要求。

（4）处理各种运行方式。

管理部分在电梯运行过程中向控制部分提出各种运行指令，由控制部分执行。管理部分的
功能由软件实现，管理软件采用模块化设计，分为标准设计和附加设计两大类。

4.VFCL 电梯控制部分

VFCL 的控制部分由 CC-CPU 控制。VFCL 控制部分的主要功能是对选层器、速度图形和
安全检查电路 3 方面进行控制。

1）选层器运算

VFCL 系统的选层器运算主要处理层站数据、同步位置、前进位置、同步层和前进层的运
算，以及排除因钢丝绳打滑而引起的误差进行的修正运算等。

VFCL 的选层器是由光电旋转编码器、计算机软件及相应的脉冲输入电路、脉冲分频电路
组成。控制系统通过对光电编码器旋转时发出的两相脉冲的相位差来判定电梯运行方向，通过
对编码器发出脉冲的多少进行计数来得到轿厢当前位置及加速点、减速点。

光电旋转编码器安装在曳引机的轴上，通过计算脉冲的个数可以得出电梯的位置及确定加
速点、减速点的位置。通过计算脉冲有频率可以得出电动机的当前速度。通过判别 U、V 相位
的超前或是滞后可以判断电梯的运行方向。

2）安全检查电路

为了保证电梯的安全运行，VFCL 对整个系统进行了非常全面的安全检查。安全检查电路
如图 3-40 所示。

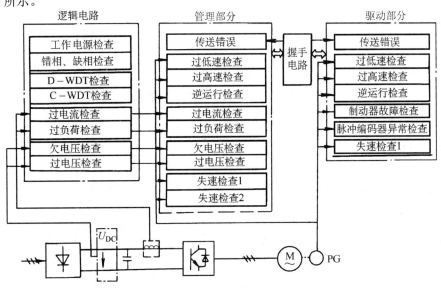

图 3-40　安全检查电路

图 3-40 中 D-WDT 和 C-WDT 是 DR-CPU 和 CC-CPU 的监视电路，用以检查 DR-CPU 和 CC-CPU 的工作是否正常，其处理结果如下。

（1）D-WDT 的检查。

检查功能：检查 DR-CPU 因各种原因引起的死机及失控运行。

检查时间：电梯工作电源接通 3s 后，进行定时检查。

处理方法：当检查到 DR-CPU 异常后，安全电路动作，E1 板上发光二极管 WDT 熄灭，电梯无法启动。

（2）C-WDT 检查。

检查功能：检查 CC-CPU 因各种原因引起的异常情况。

检查时间：电源接通后 3s 开始进行定进检查。

处理方法：当检查到 CC-CPU 工作异常后，安全回路动作，W1 板上 WDT 灯熄灭，电梯在最近层站停层，CC-CPU 不能再运行。

控制电路中，主电路接触器、制动器继电器和安全继电器的动作是非常重要的，为保证电梯的正常工作，安全电路对这 3 个继电器、接触器的动作进行了限制，只有当 DR-CPU、CC-CPU 和安全检查电路三者同时满足安全条件时，才发出动作指令。

（3）速度图形的运算。VFCL 的速度图形曲线是由微机实时计算出来的，这部分工作也由 CC-CPU 的控制部分完成。控制部分的软件每周期都计算出当时的电梯运行速度指令数据，并传送给驱动部分 DR-CPU，使其控制电梯按照这个速度图形曲线运行。

5.VFCL 电梯外围 I/O 电路

VFCL 电梯控制系统中，微机与外围电路（如安全开关、信号显示器和到站钟等）的信息，均需要通过外围 I/O 电路实现传送。外围 I/O 电路主要有触点信号接收电路和驱动信号输出电路两大类。为了防止干扰，对 I/O 电路均采取了隔离措施，并使用内、外电路的工作电源和接地相互独立。

1）触点信号接收电路

触点信号接收电路用于接收门机、平层装置和各种安全开关等外围电路的信号，信号经过光耦合器隔离后，向 CPU 总线传送。图 3-41 是典型的触点信号接收电路的接线图。

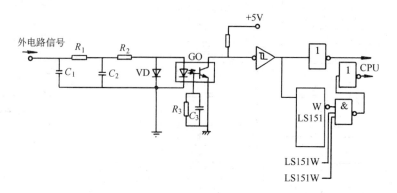

图 3-41　触点信号接收电路

2）驱动信号输出电路

驱动信号输出电路用于向层站显示器、制动器等外部电路输出驱动信号。由于驱动功率不同，驱动信号输出电路又分为大功率输出和小功率输出两种电路。图 3-42（a）为小功率输出电路，由继电器电路构成；图 3-42（b）为大功率输出电路，由晶闸管电路构成。

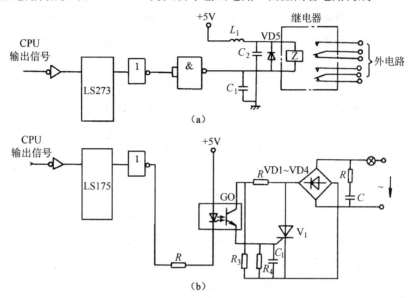

图 3-42　驱动信号输出电路

6. VFCL 电梯的拖动系统

VFCL 系统的电力拖动部分主要由整流滤波电路、充电电路、逆变电路、再生电路 4 部分组成。VFCL 电梯的拖动系统如图 3-43 所示。

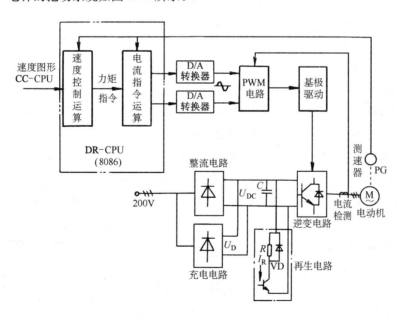

图 3-43　VFCL 电梯的拖动系统

1）整流滤波电路

VFCL系统的整流电路采用二极管三相桥式整流，将三相交流电整流成脉动直流电，向变频器供电，并用大电解电容作为滤波储能元件。

2）充电电路

如果当电梯启动时整流部分才开始向电容充电，这样势必会造成电梯启动的不稳定。为了使电梯启动时，变频器直流侧有足够稳定电压，需要对直流侧电容器进行预充电。

3）逆变电路

逆变电路由大功率晶体管模块（GTR）和阻容吸收器件组成。

DR-CPU接到电梯启动指令后，经计算将PWM信号按一定的时序传送到驱动板LIR-81X，驱动板把PWM信号放大后直接驱动GTR基极，使6只大功率晶体管按一定时序顺序导通和截止，从而驱动电动机旋转。因为交流电动机为电感性负载，当GTR由导通转为关断时，GTR中的续流二极管起续流作用。

4）再生电路

电梯在减速运行及轻载上行、重载下行过程中，电梯都处于发电状态。由于整流部分采用不可控整流，再生能量无法反馈电网，必须通过再生电路释放。

7. VFCL电梯的系统软件

VFCL电梯系统软件为模块化结构，其内容丰富、灵活、扩展性强。因此，可适用各种场合的不同需要。

（1）管理软件。管理部分的软件由CC-CPU执行，其主要工能如下：

① 根据轿厢指令和厅门召唤信号，确定电梯的运行方向。

② 在电梯停机时，提出高速自动运行的启动请求。

③ 在高速自动运行的过程中，提出减速停机请求。

④ 各种电梯附加操作，如返回基站、自动通过等动作顺序的控制。

⑤ 开关门的时间控制。

（2）控制软件。控制部分的软件亦由CC-CPU执行。在结构上，它是管理部分软件的从属部分，但内容完全独立。其主要工能如下：

① 选层器运算。计算轿厢位置信号、层站信号、剩距离等。

② 速度图形运算。计算电梯运行过程中的速度指令。

③ 安全电路检查。电梯的安全条件检查。

（3）拖动部分软件。拖动部分的软件由DR-CPU执行，其主要工能如下：

① 速度控制运算。根据控制部分给出的速度指令和反馈回来的实际速度，计算出力矩指令。

② 电流控制运算（矢量变换运算）。用矢量变换的方法，根据力矩指令，算出各相瞬时电流指令。

③ TSD速度图形运算。在电梯进入终端层，终端减速开关动作时，进行TSD速度图形运算。如果从控制部分送来的正常速度图形大于TSD速度图形，电梯就按TSD速度图形减速。

④ 安全电路检查。

（4）串行传送部分的软件。串行传送部分的软件由 ST-CPU 执行，其主要工能如下：

① 用串行传送方式接收层站召唤和轿内指令信号，发出应答灯信号。

② 轿内 16 段数字式层楼位置显示器信号。

如果电梯做群控运行，则电梯的层站召唤信号和应答灯信号由群控微机处理，轿内指令信号、应答灯信号和轿内 16 段数字式层楼位置显示器信号仍由本梯 ST-CPU 处理。

技术与应用——VFCL 电梯系统的串行通信

所谓串行传送方式，就是在发送端，将由并行产生的多个二进制信号，变换成按一定协议或时序逻辑排列的串行信号，并在一根（或几根）传送线上传送出去；在接收端，再将接收到的串行信号按协议或逻辑时序变成并行信号。

VFCL 系统串行传送硬件主要由两部分构成：控制板和信号处理板。

1）控制板

控制板指主微机板 P1 板的串行通信部分，其原理如图 3-44 所示。

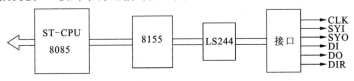

图 3-44　VFCL 系统控制板原理图

图中 8085 为 ST-CPU，主要负责串行通信，并以并行通信的方式与 CC-CPU 交换信息。I/O 芯片 8155 除作为信号输入/输出的 I/O 外，还为 ST-CPU 提供 256 字节的存储空间，用来存放采集到的召唤信号编码和向外界输出的灯控制信号编码。LS244 为数据总线驱动芯片，以提高驱动能力。为了提高抗干扰能力，控制板上使用了光耦合器与外界隔离。图 3-44 中只示出了一组串行通信线路图，其实 VFCL 系统的串行通信共有两部分，一部分为与轿厢内部的信号传送，另一部分为与厅门之间的信号传送，两个部分原理结构完全相同，只是传送的对象及相应的信号处理板稍有差别。

2）信号处理板

信号处理板主要指轿内操纵箱的各电子板及外召唤按钮板，轿内操纵箱电子板主要包括 422 按钮板、503 基板及 601 显示板。

信号处理板的主要功能如下：

（1）实现同步信号的移位。

（2）送出按钮召唤信号。

（3）接收灯控制信号并对按钮灯进行控制。

信号处理板的输入/输出信号同样包括同步输入信号（SYNCI）、同步输出信号（SYNCO）、按钮召唤信号（DI）、按钮点灯信号（DO）及时钟信号（CLOCK）。其中对按钮灯的点亮是通过晶闸管驱动的。

信号控制板及信号处理板逻辑功能的实现主要是通过三菱电梯公司开始研制的专用逻辑芯片 MSM5226 及 X45HY-06 专用双列直插厚膜芯片完成的。422 按钮板上只有两片 MSM5226 芯片（端站只有一片），而 503 基板、601 显示板及外召唤按钮板上除 MSM5226 芯片外，还有一片 X45HY-06 专用双列直插厚膜芯片。

3）串行传送工作原理

为了完成串行传送，控制板要用软件送出 3 种信号到信号处理板，即软件时钟信号 CLOCK、软件同步信号 SYNCO 和灯控制信号 DO。同时从信号处理板接收 2 种信号，即同步返回信号 SYNCI 和召唤信号 DI。

时钟信号由软件产生，接在每一层站信号处理板的时钟输入上，同步信号也由软件产生，其脉冲宽度相当于一个时钟周期，但它只接在顶层信号处理板的同步信号输入端，而下一层信号处理板的同步信号输入端接上一层信号处理板的同步信号输出端，这样一直接到底层，底层的同步信号输出端接到控制板的同步返回信号 SYNCI 上。控制板与信号处理板之间的接线原理图如图 3-45 所示。

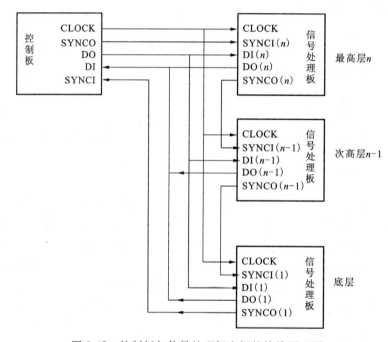

图 3-45　控制板与信号处理板之间的接线原理图

信号说明：

（1）同步信号 SYNCO 不是连续的脉冲信号，只是在第一个 CLOCK 周期发出一个负脉冲，以后便保持为高电平，直到下一个周期扫描开始。

（2）DI 接收各层楼按钮的召唤信号，它和各层楼信号处理板的召唤信号输出 DO（i）用一根导线相连。

（3）DO 向各楼层发出响应信号，用以点亮或熄灭相应的指示灯，它也和各层楼信号处理板的灯控制信号输入 DI（i）用一根导线相连。

串行传送工作原理分析如下。

图 3-46 为控制板和信号处理板之间的信号工作时序图。

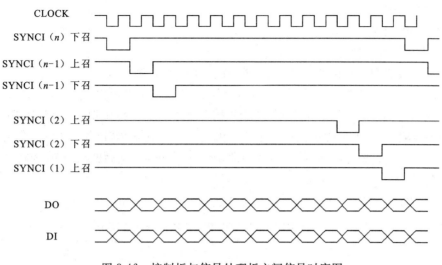

图 3-46　控制板与信号处理板之间信号时序图

实际上，控制板对信号处理板的逐个访问是通过同步信号 SYNCO 的顺序移位来实现的，SYNCI（i）相当于选通信号：

（1）当 SYNCI（i）＝0 时，第 i 块信号处理板即被选通，这时如果控制板的 DI 线上有低电平，这个低电平必定是第 i 块信号处理板的按钮发出的召唤请求。

（2）当 SYNCI（i）＝0 时，控制板通过 DO 线发出灯控制信号（0 或 1），就可使第 i 块信号处理板上的指示灯点亮或熄灭。

控制板是从最高层 N 逐个向下访问的，在第一个 CLOCK 周期，控制板向最高层 N 发出同步信号 SYNCI（n），开始对最高层进行访问。由于最高层只有一个向下的按钮，因此只需要经过一个软件 CLOCK 即可完成对该层的访问。同步信号经最高层信号处理板延时一个软件周期后，由 SYNCO（n）向（$n-1$）层发出同步信号 SYNCI（$n-1$），控制板开始对（$n-1$）层进行访问。由于该层有向上、向下两个召唤按钮，因此要经过两个软件周期才能完成对该层的访问。以此类推，访问到低层时，最底层信号处理板把同步信号 SYNCO（1）返回给控制板的 SYNCI。如果整个层楼共有 X 个按钮，则访问一次所需要的时间为 $X*T$（T 为一个 CLOCK 周期）。控制板访问完一次后，把获得的召唤信号进行编码放入 8155 RAM 区，以便向管理 CPU 传送。

以上只讲述了 5 根线，实际上 VFCL 的串行通信有 6 根线组成，另一根是 DIR 方向信号线，用来控制信号的传送方向，即是由最高层向最低层传送，还是由最低层向最高层传送。

技能与实训——W1 板上的 C-WDT 指示灯熄灭，电梯无法运行

一、技能目标
掌握三菱 VFCL 电梯 C-WDT 指示灯或 D-WDT 指示灯熄灭，电梯无法运行的故障排除方法。
二、实训材料
万用表等。

三、操作步骤

(1) 用万用表检测＋5 V 电源，电源正常。

(2) 检测 W1 电子板，未发现问题。

(3) 对 P1 主微机板上的 8F、9F 软件进行读取，软件正确。

(4) 更换 P1 主微机板，C-WDT 指示灯点亮，电梯恢复正常运行。

一般情况下，若 D-WDT 熄灭，说明 E1 微机板有故障；若 C-WDT 熄灭，则说明 P1 微机板或 W1 微机板有故障。以上两种故障通常与外围线路无关（＋5V 电源故障除外）。因此，若遇到这两个指示灯不亮时，应先检查＋5V 电源，确认电源没有问题，则更换相应微机板或相应控制软件。

四、综合评价

W1 板上的 C-WDT 指示灯熄灭，电梯无法运行综合评价表如表 3-7 所示。

表 3-7　C-WDT 指示灯熄灭电梯无法运行综合评价表

序　号	主　要　内　容		评　分　标　准	配　分	扣　分	得　分
1	准备工作		万用表使用错误，扣 10 分	40		
			软件读取方法不正确，扣 30 分			
2	电子板检测		电子板检测方法错误，扣 30 分	30		
3	电子板更换		电子板更换方法错误，扣 20 分	20		
4	职业规范团队合作	安全文明生产	违反安全文明操作规程，扣 3 分	10		
		组织协调与合作	团队合作较差，小组不能配合完成任务，扣 3 分			
		交流与表达能力	不能用专业语言正确、流利地简述任务成果，扣 4 分			
合　计				100		

3.9　变频调速、群控电梯电气控制系统工作原理

➤ 本节介绍 THJDDT-5 型电梯群控系统主、从站的通信连接方法。

➤ 本节详细介绍 THJDDT-5 型电梯群控系统的相关电路和程序控制方法。

观察与思考

什么是群控电梯？群控电梯就是多台电梯集中排列，共用厅外召唤按钮，按规定程序集中调度和控制的电梯。

本节以 THJDDT-5 型电梯群控系统为例来说明变频调速、群控电梯的结构及电气控制系统工作原理。该设备为二座四层群控电梯，每部电梯系统均由一台 PLC 控制，PLC 之间通过通信模块交换数据，电梯外呼统一管理。

3.9.1　三菱 FR-D740 变频器的使用

1. 三菱 FR-D740 端子图

三菱 FR-D740 端子图如图 3-47 所示。

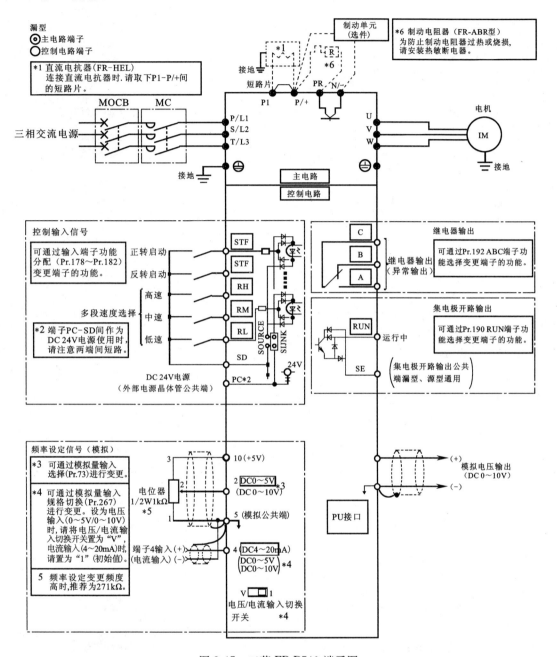

图 3-47　三菱 FR-D740 端子图

2. 改变变频器参数步骤

改变变频器参数步骤如表 3-8 所示。

表 3-8　改变变频器参数步骤

操　作　步　骤	显　示　结　果
1　按 PU/EXT 键，选择 PU 操作模式	PU显示灯亮　0.00　PU
2　按 MODE 键，进入参数设定模式	PRM显示灯亮　P. 0　PRM
3　拨动设定用旋钮，选择参数号码	P. 7
4　按 SET 键，读出当前的设定值	3.0
5　拨动设定用旋钮，把设定值变为 10	4.0
6　按 SET 键，完成设定	4.0　P. 7　闪烁

3. 变频器参数清零方法

变频器参数清零方法如表 3-9 所示。

表 3-9　变频器参数清零方法

操　作　步　骤	显　示　结　果
1　按 PU/EXT 键，选择 PU 操作模式	PU显示灯亮　0.00　PU
2　按 MODE 键，进入参数设定模式	PRM显示灯亮　P. 0　PRM
3　拨动设定用旋钮，选择参数号码 ALLC	ALLC　参数全部清除
4　按 SET 键，读出当前的设定值	0
5　拨动设定用旋钮，把设定值变为 1	1
6　按 SET 键，完成设定	1　ALLC　闪烁

注：无法显示 ALLC 时，将 P160 设为"1"；无法清零时，将 P79 改为 1。

4. 电梯电动机运行通过端子控制需设定的参数

电梯电动机运行通过变频器端子控制需设定的参数如表 3-10 所示。

表 3-10 变频器端子控制电梯电动机运行参数设定表

序号	变频器参数	出厂值	设定值	功能说明
1	P79	0	3	操作模式选择 启动信号：外部端子（STF、STR） 运行频率：多段速
2	P160	0	0	扩张功能显示选择：显示全部参数
3	P7	5	1.5	加速时间（1.5s）
4	P8	5	2.2	减速时间（2.2s）
5	P4	50	10	3 速设定（高速 10.0Hz）
6	P6	10	5	3 速设定（低速 5.0Hz）
7	P25	—	35	多段速设定（速 5，RH、RL 同为 ON）
8	P72	1	5	Soft-PWM 减少噪声
9	P653	0	5	缓和机械共振引起的振动
10	变频器断电保存			

3.9.2 电梯原理图解析

1．曳引机的正反转、调速控制

曳引机的正反转、调速控制如图 3-48 所示。

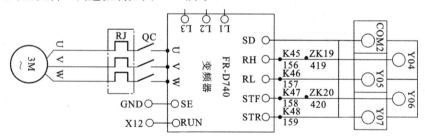

图 3-48 曳引机的正反转、调速控制

本电梯设备中用 PLC 的 Y06 和 Y07 两个输出端作为曳引机的正反转控制信号，用 Y04 和 Y05 两个输出端作为 RH 和 RL 信号，从而通过 PLC 对 Y04、Y05 的控制来改变轿厢运行的速度。

2．轿厢的平层控制

轿厢的平层控制由 1PG 减速感应器及门驱双稳态信号触发，此信号分别与 PLC 的 X02 和 PLC 的 X33 输入点相连。当轿厢从停止状态启动时，变频器输出为高速，当经过所选楼层的 1PG 减速感应器以后，变频器输出为低速，最后当 PLC 接收到门驱双稳态信号时，停止输出 STF 或 STR，使变频器输出停止，此时轿厢停止在所选楼层。

3.8 段数码管楼层显示的控制

在轿厢内选面板和楼层呼叫面板上都有一个楼层显示的 8 段数码管及电梯上下运行指示，其显示分别由 PLC 的 Y17、Y20、Y21、Y22、Y23、Y24 六个输出点来完成。其中，Y17、Y20、Y21 通过显示板的 3-8 译码器来控制楼层数字显示，Y22 显示驻停信号，Y23、Y24 显示轿厢上下运动状态。8 段数码管楼层显示的控制如图 3-49 所示。

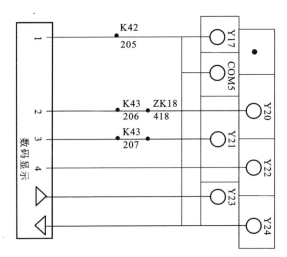

图 3-49 8 段数码管楼层显示的控制

4. 安全回路的分析

电梯的安全回路主要有两个，一个是电压继电器回路，一个是门联锁回路。电梯的安全回路如图 3-50 所示。

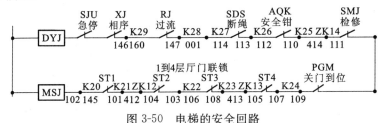

图 3-50 电梯的安全回路

电压继电器回路由急停、相续、过流、断绳、安全钳、检修开关组成。如果有一个触点出现问题，则将导致电梯的锁死。

门联锁继电器回路由每层的门关到位及轿厢的门关到位触电组成，若有一个门刀未关到位，则电梯无法启动。

3.9.3 群控电梯相关部分说明

本套电梯系统的群控系统由两台三菱 FX2N 系列 PLC 通过 485 通信形式实现，PLC 通信网络结构图如图 3-51 所示。通过通信，两台 PLC 以主从站的形式互通楼层呼叫、轿厢位置、响应次序等信息，从而实现群控的调度。

RS485总线电缆

图 3-51 PLC 通信网络结构

现在市场上通用型 FX2N 主机一般由 FX3U 型替代，同时通信模块 FX2N-485BD 也相应更改为 FX3U-485BD。站点模块与站点模块之间采用五芯屏蔽线一一对应连接，然后将模块的 RDA 和 SDA 短接，同时将模块 RDB 和 SDB 短接即可实现数据交换。在图 3-51 所示的这种通信模式下，一个主站最多可以带 7 个从站点。

如果要求：

（1）一号 FXPLC 作为 RS485 网络主站，能够对二号 FXPLC（RS485 网络从站）中的数据进行采集及控制。

（2）一号 FXPLC 将二号 FXPLC 中的 X0～X7 读至本站的 Y0～Y7 中，即二号站的 X0～X7 控制一号站的 Y0～Y7。

（3）一号 FXPLC 将本站中的 X0～X7 的数据写入二号 FXPLC 中的 Y0～Y7 中，即一号站的 X0～X7 控制二号站的 Y0～Y7。

根据上述要求，完成该功能程序的方法如下：

1. 主站通信参数设置说明

1）相关辅助继电器说明

相关辅助继电器设置说明如表 3-11 所示。

表 3-11　相关辅助继电器设置说明

序　号	地　址	名　称	描　述	特　性	站类型
1	M8038	网络参数设置	用来设置三菱 RS-485 网络参数	只读	主/从
2	M8183	主站通信错误	当主站点发生通信错误时，此位为 ON	只读	从
3	M8184～M8190	从站通信错误	当从站点发生通信错误时，此位为 ON	只读	主/从
4	M8191	数据通信标志位	数据通信时，此位为 IN	只读	主/从

2）相关数据寄存器设置说明

相关数据寄存器设置说明如表 3-12 所示。

表 3-12　相关数据寄存器设置说明

序　号	地　址	名　称	描　述	特　性	站类型
1	D8173	站点号	存储站点号	只读	主/从
2	D8174	从站点数量	存储从站点的站点总数	只读	主/从
3	D8175	刷新范围	存储刷新范围	只读	主/从
4	D8176	站点号设置	设置站点号	只写	主/从
5	D8177	总从站点数设置	设置总从站点数	只写	主
6	D8178	刷新范围设置	设置刷新范围	只写	主
7	D8179	重试次数设定	设定重试次数	读写	主
8	D8180	通信超时设定	设定通信超时	读写	主
9	D8201	当前网络扫描时间	存储当前网络扫描时间	只读	主/从
10	D8202	最大网络扫描时间	存储最大网络扫描时间	只读	主/从
11	D8203	主站点通信错误数目	存储主站点通信错误数目	只读	从

序　号	地　址	名　称	描　述	特　性	站类型
12	D8204～D8210	从站点通信错误数目	存储从站点通信错误数目	只读	主/从
13	D8211	主站点通信错误代码	存储主站点通信错误代码	只读	从
14	D8212～D8218	从站点通信错误代码	存储从站点通信错误代码	只读	主/从

2.相关参数设置程序编制

(1) RS485 网络主站通信参数设置程序如图 3-52 所示。

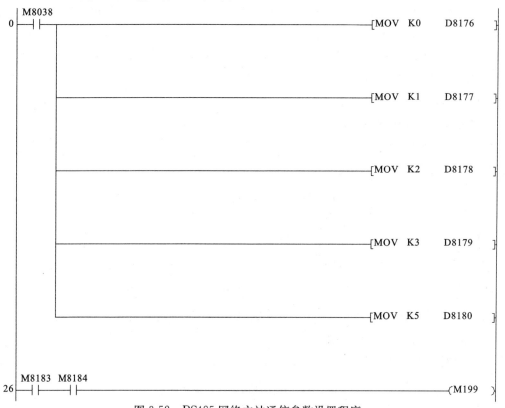

图 3-52　RS485 网络主站通信参数设置程序

以上程序设定从站数量为 1 个;数据刷新为"2",表示有 64 位(M),即 8 字软元件(D)用来进行数据交换;重试次数为 3 次;通信超时的时间为 50ms。

(2) 从站通信参数设置如图 3-53 所示。

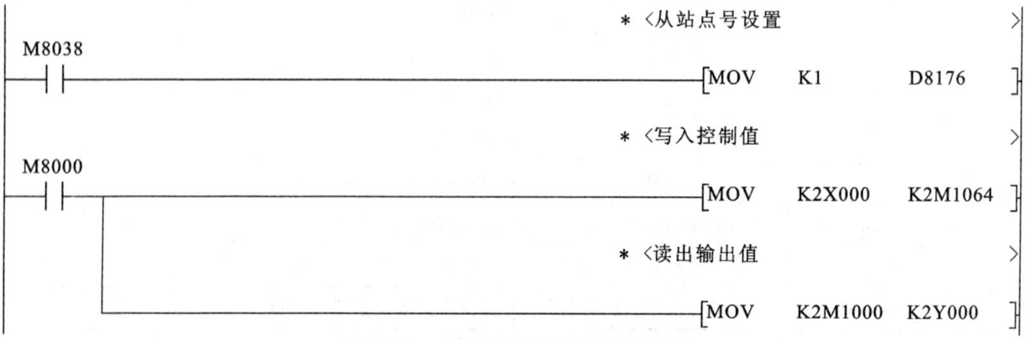

図 3-53　从站通信参数设置程序

154

在具体编程过程中，一定要确保把以上程序从 0 步开始写入。此处程序不需要执行，因为当把其编到此位置时，它自动变为有效。

3.9.4 THJDDT-5 型电梯群控系统相关程序解析

1. 主站最大响应的赋值语句

主站最大响应的赋值语句如图 3-54 所示。1 楼、2 楼、3 楼、4 楼一样，主从站也一样。

图 3-54　主站最大响应的赋值语句

2. 外呼信号的调度运算

由于群控，主从站的外呼按钮被一起合成一个外呼信号，从站的外呼信号通过通信的方式从 M1064 传递给主站进行调度运算，当没有任何内外呼叫信号时，赋值为 0，调度运算程序如图 3-55 所示。

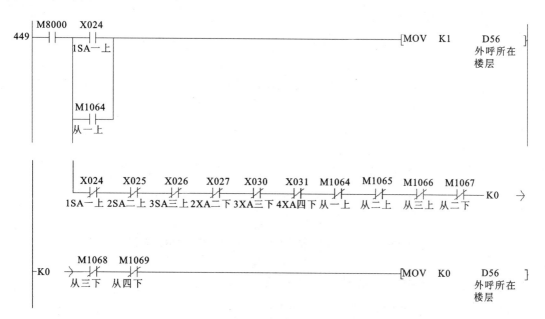

图 3-55　外呼信号调度运算程序

3. 从站通过通信方式传递目前所处楼层信息给主站

从站通过通信方式传递目前所处楼层信息给主站的程序如图 3-56 所示（主站所在楼层赋值程序类似）。

图 3-56   从站传递目前所处楼层信息给主站的程序

4. 主站轿厢和外呼信号楼层之间的差值计算

主站轿厢和外呼信号楼层之间的差值计算的程序如图 3-57 所示。

图 3-57   主站轿厢和外呼信号楼层之间的差值计算程序

5. 主站轿厢和主站内选相应之间的楼层差值计算

主站轿厢和主站内选相应之间的楼层差值计算的程序如图 3-58 所示。

图 3-58   主站轿厢和主站内选相应之间的楼层差值计算程序

6. 电梯主机上行程序（下行类似）

电梯主机上行中的逻辑程序如图 3-59 所示。

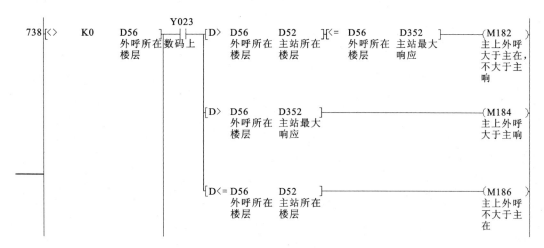

图 3-59　电梯主机上行逻辑程序

3.9.5　THJDDT-5 型电梯群控系统

THJDDT-5 型电梯群控系统电气元件代号明细表如表 3-13 所示，单梯电气原理图如图 3-60 所示。

表 3-13　THJDDT-5 型电梯群控系统电气元件代号明细表

序　号	代　号	名　称	型　号　及　规　格	置放处所	备　注
1	KMJ	开门继电器	MY4 DC 24V	控制柜	
2	GMJ	关门继电器	MY4 DC 24V	控制柜	
3	DYJ	电压继电器	MY4 DC 24V	控制柜	
4	MSJ	门联锁继电器	MY4 DC 24V	控制柜	
5	FU1～FU5	熔断器	RT14-20 8A	控制柜	
6	QC	主接触器	LC1-D06 AC 220V	控制柜	
7	YC	电源接触器	LC1-D06 AC 220V	控制柜	
8	RJ	热过载继电器	0.63～1.00A	控制柜	
9	XJ	相序保护继电器	XJ3，AC 380V	控制柜	
10	U－RF	整流桥堆	DC 110V	控制柜	
11	GMR	开、关门分路电阻	50W/50Ω	控制柜	
12	WDT	变压器	AC 220V/AC 110V	控制柜	
13	S－100－24	开关电源	DC 24V 4.5A	控制柜	
14	SJU	急停开关	C11	控制柜	
15	HK	模/数转换开关	D11A	控制柜	
16	MK	检修开关	D11A	控制柜	
17	TU	慢上按钮	E11	控制柜	
18	TD	慢下按钮	E11	控制柜	

续表

序号	代号	名称	型号及规格	置放处所	备注
19	RF1	漏电保护器	4P/10A	控制柜	
20	BPQ	变频器	0.75kW	控制柜	
21	PLC	可编程控制器	继电器	控制柜	
22	K1—K48	故障点	KN61—2	控制柜	
23	JT	端子排	JT18	控制柜	
24	1AS—4AS	轿厢选层指令按钮		轿内	4层
25	1R—4R	选层指示灯	DC 24V	轿内	
26	AK，AG	开、关门按钮		轿内	
27	CHD	超载蜂鸣器	DC 24V	轿内	
28	KSD，KXD	上、下行指令灯	DC 24V	轿内	
29	SMJ	检修开关		轿内	
30	KAB	安全触板开关		轿厢	
31	AQK	安全钳开关		轿厢	
32	EDP	门感应器	DC 24V	轿厢	
33	PU	门驱双稳态开关		轿厢	
34	FS	轿厢风扇	DC 24V	轿厢	
35	CZK	超载开关		轿厢底	
36	DZ1	轿厢照明灯	DC 24V	轿厢	
37	M	门电机	DC 24V	自动门机	
38	PKM	开门到位开关		自动门机	
39	PGM	关门到位开关		自动门机	
40	SG	关门减速开关		自动门机	
41	3M	交流双速电动机		机房	
42	DZ	抱闸线圈	DC 110V	机房	
43	BMQ	编码器	DC 12～24V	机房	
44	SJK，XJK	上、下极限位开关	YG—1	井道	
45	GU GD	上、下强返减速	YG—1	井道	
46	SW XW	上、下限位开关	YG—1	井道	
47	1PG	减速永磁感应器		井道	
48	SDS	底坑断绳开关		井道	
49	1G—3G	上召记忆灯	DC 24V	井道	
50	1SA—3SA	上召按钮		井道	
51	2C—4C	下召记忆灯	DC 24V	井道	
52	2XA—4XA	下召按钮		井道	
53	ST1—ST4	厅门联锁触点		井道	
54	PKS	锁梯		井道	

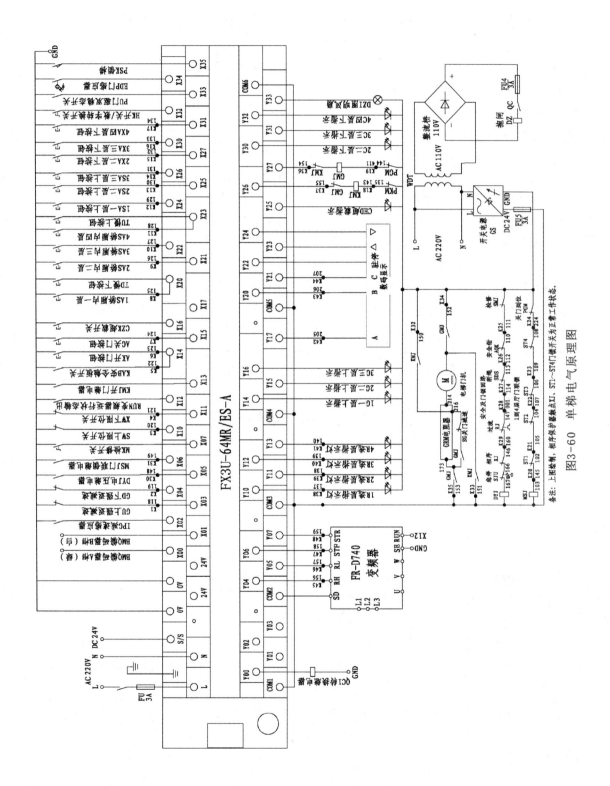

图3-60　单梯电气原理图

技术与应用——神经网络在电梯群控系统中的应用

神经网络的研究已有较长的历史，自心理学家 McCulloch 和数学家 Pitts 在 1943 年首次提出了一个简单的神经网络模型以后的几十年，神经网络历经沉浮，但多层网络 BP 算法、Hopfield 网络模型等仍然在各个领域得到了广泛的发展，特别是与这一学科交叉的前沿技术领域引起了学者们的关注。

神经网络应用在电梯群控系统中的原因是：电梯群控系统具有随机性、非线性，难以建立精确的数学模型，而神经网络学习的主要优点在于它可以通过调整网络连接权来得到近似最优的输入/输出映射，因此适应于难以建模的、非线性动态系统。虽然电梯群控系统具有随机性，但对于任何一幢大楼，都可以近似为有一定的工作周期（一天或一个星期），在不同周期的同一时间段会存在相似的系统状态和系统输入，群控系统可以以一定的采样周期信息作为样本，只要周期足够小，就可以有充足的过程数据用于学习。

神经网络在电梯群控系统中最成功的应用就是可以识别交通流量的变化。交通流量是表明电梯状态的一个概念。它可由乘客数、乘客出现的周期及起始点和终点的排队情况来描述。这种交通流量可以划分为许多性质不同的线数图，日立公司开发出的带有神经网络的电梯群控装置 EJ-1000FN，能适应各种建筑物的交通条件变化。与模糊群控相比，神经网络群控减少了 10％的平均候梯时间，减少了 20％的长候梯率，防止了群聚和长候梯。

技能与实训——电梯群控调试

一、技能目标

掌握 THJDDT-5 型群控电梯的调试方法。

二、实训材料

剥线钳、试电笔、万用表等。

三、操作步骤

(1) 将控制柜的三相四线电源线连接到电源插座，到开控制开关总电源和单相电源。

(2) 按照变频器使用技术设置变频器参数。

(3) 通过 RS485 连接线，连接主、从控制柜的 RS485 接口。

(4) 通过编程电缆连接 PLC 与计算机，打开 PLC 电源，将"THJDDT-5 型"电梯群控主站程序下载到主站控制柜 PLC 中，将"THJDDT-5 型"电梯从站程序下载到从站控制柜 PLC 中，将 PLC 开关置 RUN。

(5) 将透明电梯 MK 检修开关置检修侧时，按慢上按钮时，电梯上行，松开后停止；按慢下按钮时，电梯下行，松开后停止，到达响应的楼层，按开门按钮开门，按关门按钮关门。测试完成可将电梯慢下到一层平层。

(6) 将 MK 检修开关置正常侧时，数/模转换开关置模拟侧，电梯各部件工作正常，按动各召唤按钮控制电梯运行，根据线路的优化、哪站的行走距离近和主站电梯优先的原则实训群控控制。例如，电梯轿厢一部在四层、一部在一层，三层召唤时，四层的电梯轿厢响应，二层召唤时，一层的电梯轿厢响应；当轿厢一部在三层、一部在一层，二层召唤时，主站电梯轿厢响应。

（7）将 MK 检修开关置正常侧时，数/模转换开关置数字侧，电梯各部件工作正常，按动各召唤按钮控制电梯运行。如运行不正常，可按关门按钮 10s，对电梯数字控制方式进行复位操作。

四、综合评价

THJDDT-5 型群控电梯的调试综合评价表如表 3-14 所示。

表 3-14　THJDDT-5 型群控电梯的调试综合评价表

序 号	主 要 内 容		评 分 标 准	配 分	扣 分	得 分
1	准备工作		工具使用错误，扣 10 分	30		
			组网方法不正确，扣 20 分			
2	变频器参数设置		变频器参数设置错误，扣 20 分	20		
3	调试方法		检修运行下的调试方法不正确，扣 10 分	40		
			正常运行下的调试方法不正确，扣 20 分			
			运行不正常，电梯复位操作错误，扣 10 分			
4	职业规范团队合作	安全文明生产	违反安全文明操作规程，扣 3 分	10		
		组织协调与合作	团队合作较差，小组不能配合完成任务，扣 3 分			
		交流与表达能力	不能用专业语言正确、流利地简述任务成果，扣 4 分			
	合计			100		

小　　结

 回忆一下，下面的电梯的相关知识你记住了吗？

（1）电气控制系统由控制柜、操纵箱、指层灯箱、召唤箱、换速平层装置、两端站限位装置、轿厢顶检修箱、底坑检修箱等十多个部件，以及分散安装在相关机械部件中的曳引电动机、制动器线圈、开关门电动机及其调速控制装置、限速器开关、限速器绳张紧装置开关、安全钳开关、缓冲器开关及各种安全防护按钮和开关等组成。

（2）常见的电梯拖动系统有直流拖动系统、交流变极调速拖动系统、交流调压调速拖动系统、交流变频变压调速拖动系统等。

（3）常见的电梯调速系统有直流调速系统、交流变极调速系统、交流调压调速系统（ACVV）、交流变压变频调速系统（VVVF）。

（4）电梯电气控制系统的主要器件有操纵箱、指层灯箱、层站召唤箱、轿厢顶检修箱、井道信息装置、端站保护开关装置、底坑检修箱、选层器、控制柜、直流门电动机调速电阻器箱和晶闸管励磁装置等。

(5) 微机控制电梯的主要方式有：单微机控制方式、双微机控制方式和多微机控制方式。

 告诉我，这些电梯的控制原理你能描述出来吗？

(1) 交流双速、集选继电器电梯电气控制原理。

(2) 交流双速、集选 PLC 电梯电气控制原理。

(3) 变频调速、集选 PLC 控制电梯电气控制系统工作原理。

(4) VFCL 电梯控制系统原理。

(5) THJDDT-5 型群控电梯的控制原理。

 注意，这些内容与你后续知识的学习关系紧密

(1) PLC 控制电梯的接线图设计及程序。

(2) 微机控制电梯的方法。

(3) PLC 通信网络线路连接与调试的方法。

练　　习

1. 判断题（对的打√，错的打×）

(1) 坑底急停开关不属于电气安全装置。　　　　　　　　　　　　　　　　　　　（　　）

(2) 交流调频调压调速系统通过改变施加在电动机的电压和电源频率来调节电动机的转速。　　　　　　　　　　　　　　　　　　　　　　　　　　　　　　　　　　（　　）

(3) PLC 常用的编程语言是梯形图和指令语句表。　　　　　　　　　　　　　　　（　　）

(4) 光电编码器是一种通过光电转换将输出轴上的几何位移量转换成脉冲或数字量的传感器。　　　　　　　　　　　　　　　　　　　　　　　　　　　　　　　　　　　（　　）

(5) 电梯运行始终为匀速运行。　　　　　　　　　　　　　　　　　　　　　　　（　　）

(6) 电梯门一关闭，电梯立刻即可启动，无时间间隔。　　　　　　　　　　　　　（　　）

(7) 群控电梯就是多台电梯集中排列，共用厅外召唤按钮，按规定程序集中调度和控制的电梯。　　　　　　　　　　　　　　　　　　　　　　　　　　　　　　　　　　（　　）

2. 选择题

(1) 在 VVVF 调速系统中，为了保证良好的运行特性，必须做到（　　）保持不变。

　　　A. V/f　　　　　　　B. 电压　　　　　　　C. 电流　　　　　　　D. 频率

(2) 电梯的乘坐舒适感取决于（　　）。

　　　A. 电梯的控制方式　　B. 电梯的拖动方式　　C. 电梯的额定载重量　　D. 电梯的类别

(3) 为了防止电梯门在关闭过程中夹住乘客，所以一般在电梯轿厢门上装有（　　）保护装置。

　　　A. 层门自闭　　　　　B. 门锁及门联锁　　　C. 安全触板及光幕　　　D. 选层器

(4) 电梯在（　　）状态下能开门运行。

　　　A. 驾驶人员　　　　　B. 自动　　　　　　　C. 检修　　　　　　　D. 任何时候

3. 填空题

（1）电梯有 3 种工作模式，分别是＿＿＿＿＿、＿＿＿＿＿、＿＿＿＿＿。

（2）VVVF 电梯采取同时改变电动机电源＿＿＿＿＿和＿＿＿＿＿的方法调速。

（3）电梯电气控制系统在两端站设置了 3 道安全保护，第一道保护为＿＿＿＿＿保护，第二道保护为＿＿＿＿＿保护，第三道保护为＿＿＿＿＿保护。

（4）集选控制电梯在接送乘客时一般遵循＿＿＿＿＿和＿＿＿＿＿的原则。

（5）电梯在超载、＿＿＿＿＿、＿＿＿＿＿等情况下能自动开门。

4. 简答题

（1）换速平层装置的功能及其常用的装置有哪几种？

（2）与继电器控制电梯相比，PLC 控制电梯有哪些优点？

（3）如果你是电梯驾驶人员，控制的是集选控制电梯，面对厅层的不同呼梯信号你该如何正确处理？

 自动扶梯与自动人行道

　　自动扶梯和自动人行道均具有在一定方向上大量连续地输送乘客的能力，并且具有结构紧凑、安全可靠、安装维修方便等特点。同时自动扶梯与自动人行道还能够与外界环境相互配合补充，起到对环境的装饰美化作用，因此在车站、码头、机场、商场等人流密度大的场合得到了广泛应用。

学习目标

- 掌握自动扶梯的参数、分类、型号表示方法、结构及相关部件的安装方法。
- 掌握自动人行道的参数、分类、型号表示方法及相关部件的安装方法。

4.1　自　动　扶　梯

➢ 本节主要介绍自动扶梯的主要参数及分类。

➢ 本节详细介绍自动扶梯的结构。

➢ 本节介绍自动扶梯桁架的安装方法。

观察与思考

　　什么是自动扶梯？自动扶梯（Escalator）亦称电动扶梯、自动行人电梯、扶手电梯、电扶梯等，是一种以运输带方式运送行人的运输工具。电动扶梯一般是斜置，行人在扶梯的一端站上自动行走的梯级，便会自动被带到扶梯的另一端，途中梯级会一路保持水平。扶梯在两旁设有跟梯级同步移动的扶手，供使用者扶握。电动扶梯可以是永远向一个方向行走，但多数都可以根据时间、人流等需要，由管理人员控制行走方向。

4.1.1　自动扶梯的主要参数

　　为了更好地掌握自动扶梯，我们需要对自动扶梯的相关参数有一定的了解，自动扶梯主要参数如下。

　　（1）提升高度 H：自动扶梯进出口两楼层板之间的垂直距离。

　　（2）梯级名义宽度 z_1：国内自动扶梯一般采用 $0.6\ \mathrm{m}$、$0.8\ \mathrm{m}$ 和 $1.0\ \mathrm{m}$，相对应地平均每个梯级承载 1 人、1.5 人和 2 人。

（3）理论输送能力 C_t：输送能力为每小时输送乘客人数。当自动扶梯各梯级被人员占满时，理论上的最大输送能力计算公式为

$$C_t = 3\ 600\ kv / t_级$$

式中　$t_级$——一个梯级的平均深度或与此深度相等的踏板的可见长度（m）；

　　　　k——一个梯级或每段可见长度为 $t_级$ 的踏板上能承载的乘客人数；

　　　　v——梯级的运行速度（m/s）。

一般情况下，$t_级$ 是定值（0.4 m/s），速度 v 应按照规范选取。自动扶梯的输送能力取决于人数 k，按照国家标准要求：

名义宽度 $z_1 = 0.6$ m 时，$k = 1.0$；

名义宽度 $z_1 = 0.8$ m 时，$k = 1.5$；

名义宽度 $z_1 = 1.0$ m 时，$k = 2.0$。

（4）倾斜角 α：梯级、踏板或胶带运行方向与水平面构成的最大角度。

自动扶梯倾斜角不应超过 30°，当提升高度不超过 6 m，额定速度不超过 0.50 m/s 时，倾斜角允许增至 35°。倾斜角一般采用 30°、35°、27° 等系列。

（5）额定速度 v：指梯级、踏板或胶带在空载运行下的速度，是设计确定并实际运行的速度。自动扶梯倾斜角不大于 30° 时，额定速度不应超过 0.75 m/s；倾斜角大于 30° 且不大于 35° 时，额定速度不应超过 0.50 m/s。

自动扶梯型号说明如下所示。

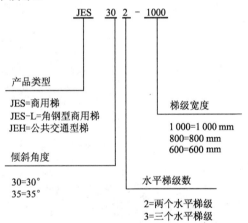

4.1.2　自动扶梯的分类

自动扶梯按扶手装饰、梯级驱动方式和提升高度有 3 种不同的分类方法。

1）按扶手装饰分类

（1）全透明式：指扶手护壁板采用全透明的玻璃制作的自动扶梯，按护壁板采用玻璃的形状又可进一步分为曲面玻璃式和平面玻璃式。

（2）不透明式：指扶手护壁板采用不透明的金属或其他材料制作的自动扶梯。由于扶手带支架固定在护壁板的上部，扶手带在扶手支架导轨上做循环运动，因此不透明式其稳定性

优于全透明式。主要用于地铁、车站、码头等人流集中的高度较大的自动扶梯。

（3）半透明式：指扶手护壁板为半透明的，如采用半透明玻璃等材料的扶手护壁板。

就扶手装饰而言，全透明的玻璃护壁板具有一定的强度，其厚度不应小于 6 mm，加上全透明的玻璃护壁板有较好的装饰效果，所以护壁板采用平板全透明玻璃制作的自动扶梯占绝大多数。

2）按梯级驱动方式分类

（1）链条式：指驱动梯级的元件为链条的自动扶梯。

（2）齿条式：指驱动梯级的元件为齿条的自动扶梯。

由于链条驱动式结构简单，制造成本较低，所以目前大多数自动扶梯采用链条驱动式结构。

3）按提升高度分类

（1）小提升高度的自动扶梯：提升高度 3～10 m。

（2）中提升高度的自动扶梯：提升高度 10～45 m。

（3）大提升高度的自动扶梯：提升高度 45～65 m。

4.1.3 自动扶梯的结构

图 4-1 为常见链条驱动式自动扶梯的结构图，它一般由梯级、牵引链条、梯路导轨系统、驱动装置、张紧装置、扶手装置和金属桁架结构等组成，其中梯级、牵引链条及梯路导轨系统广义上可称为自动扶梯梯路。

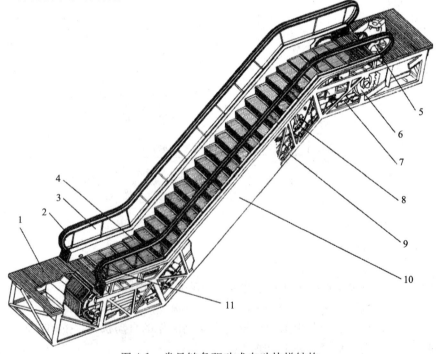

图 4-1　常见链条驱动式自动扶梯结构

1—地板；2—扶手带；3—护壁板；4—梯级；5—端部驱动装置；6—牵引链轮；
7—牵引链条；8—扶手带压紧装置；9—扶梯桁架；10—裙板；11—梳齿板

1. 梯级

梯级是一种供乘客站立的特殊结构形式的四轮小车。梯级有主轮、惰轮各两只。梯级的主轮的轮轴与牵引链条铰接在一起，而惰轮轴不与牵引链条连接，这样，全部梯级通过按一定规律布置的导轨运行，可以做到在自动扶梯上分支的梯级保持水平，而在下分支的梯级可以倒挂。

在一台扶梯中，梯级是数量最多的部件，一般小提升高度的自动扶梯中有 50～100 个梯级，大提升高度的自动扶梯中有 600～700 只梯级。由于梯级数量众多，又是经常运动的部件，因此一台自动扶梯的质量在很大程度上取决于梯级的结构和质量。对于梯级的要求是自重轻、装拆维修方便、工艺性好、使用安全可靠等，目前梯级多采用铝合金或不锈钢材质整体压铸而成。

在每个梯级中，一般包含梯级踏板、梯级踢板、梯级骨架、梯级支架、梯级主轮和惰轮等部分，梯级结构如图 4-2 所示。

图 4-2　梯级结构

1—梯级主轮；2—梯级支架；3—惰轮；

4—梯级踢板；5—梯级踏板

1）梯级踏板

梯级踏板表面应具有凹槽，它的作用是使梯级通过扶梯上、下出入口时，能嵌在梳齿板中，保证乘客安全上、下；另外，可增大摩擦力，防止乘客在梯级上滑倒。槽的节距应有较高精度，一般槽深为 10 mm，槽宽为 5～7 mm，槽齿顶宽为 2.5～5 mm。一只梯级的踏板由 2～5 块踏板拼接而成，并固接于梯级骨架的纵向构件上。每个梯级宽度常见的有 600 mm、800 mm 和 1000 mm 等。梯级踏板的深度是乘客双脚与梯级接触的部位，为保证乘客能够稳定的站立，此尺寸须大于 380 mm。

2）梯级踢板

梯级的踢板面为圆弧面，小提升高度自动扶梯的梯级踢板做成有齿的，而在梯级踏板的后端也做成齿形，这样可以使后一个梯级踏板后端的齿嵌入前一个梯级踢板的齿槽内，使各梯级间相互进行导向，大提升高度自动扶梯踢板可做成光面。

3）梯级车轮

车轮是每个梯级上最为重要的部分，一个梯级有 4 只车轮，2 只铰接于牵引链条上的称为主轮，梯级中两主轮之间的距离称为轨距；2 只直接装在梯级支架短轴上的称为惰轮。主轮与惰轮之间的距离（又称梯级基距），一般为 310～350 mm。

4）梯级骨架

梯级骨架是梯级的主要支撑结构，由两侧支架和以板材或角钢构成的横向连系件所组成。支架一般采用压铸件，骨架上面固接踏板，下面有装主轮、惰轮心轴的轴套。整体梯级的骨架、支架、踏板与踢板等均整体压铸而成。

2. 牵引构件

自动扶梯的动力牵引装置分为采用牵引链条的端部驱动和采用牵引齿条的中部驱动两种。使用牵引链条的驱动装置装在扶梯水平直级区段的末端，即所谓端部驱动式；使用牵引齿条的驱动装置装在倾斜直线区段上、下分支的当儿中，即所谓中间驱动式。

1）牵引链条

端部驱动装置所用的牵引链条一般为套筒滚子链，套筒滚子链结构如图4-3所示，它由链板、销轴和套筒等组成。目前所采用的牵引链条分段长度一般为1.6 m，为了减少左右两根牵引链条在运转中发生偏差而引起梯级的偏斜，对梯级两侧同一区段的两根牵引链条的长度公差应该进行选配，以保证同一区段两根牵引链条的长度累积误差尽量接近。

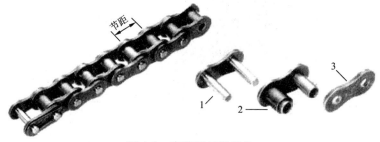

图4-3　套筒滚子链结构
1—销轴；2—套筒；3—链板

牵引链条是自动扶梯主要的传递动力构件，其质量直接影响到自动扶梯的运行平稳和噪声。梯级主轮可置于牵引链条的内侧或外侧，也可置于牵引链条的两个链片之间。梯级主轮置于牵引链轮内、外侧的链条的结构，可采用较大的主轮，如直径为100 mm或更大，能承受较大的轮压，可以使用大尺寸的链片，且链片在进行调质处理后，适用于公共交通型等长期重载工况的自动扶梯；置于牵引链条两链片之间的主轮，既是梯级的承载件，又是与牵引链轮相啮合的啮合件，因而主轮直径大小受到限制，且要求主轮外圈由耐磨塑料制成，内装高质量轴承，这种特殊塑料的轮外圈既可满足轮压的要求，又可降低噪声，适用于提升高度较低的普通型自动扶梯。

节距是牵引链条的主要参数，节距小链条工作平稳，但是关节增多，链条自重和成本加大，而且关节处的摩擦损失大；反之，节距大则自重轻，价格便宜，但为保持工作平稳，链轮齿数和直径也要增大，这就加大了驱动装置和张紧装置的外形尺寸。一般自动扶梯两梯级间的节距采用400～406.4 mm，牵引链条节距有67.7 mm、100 mm、101.6 mm、135 mm、200 mm等几种。大提升高度自动扶梯采用大节距牵引链条，如提升高度60 m的自动扶梯采用200 mm节距的牵引链条；小提升高度自动扶梯采用小节距牵引链条，如4 m自动扶梯则可采用67.7 mm节距链条。

如前所述，自动扶梯向上运动时，在牵引链条的闭合环路上，牵引链轮绕入分支处受力最大，因此，在该处牵引链条断裂的可能性最大，特别当满载时。如果牵引链条在该处断裂，则该断裂处以下的梯级与牵引链条将一起急速向下移动而弯折，从而使该处产生一空洞，可能造成乘客受到伤害，这一情况必须得到有效预防。图 4-4 所示是防止牵引链条断链弯折的一种结构：与梯级主轮铰接的链片上各伸出一段相互对着的锁挡，其间隙为 1mm，同时在梯级主轮上方装有反轨，在牵引链条上装有压链反板。当断链时，由于压链反板压着牵引链条，使它不能向上弯折，又由于两链片的锁挡相互顶着，使链条不能向下弯折，于是在断链的瞬间，牵引链条类似一个刚性的支撑物支撑在倾斜的梯路中，从而使一系列梯级基本保持在原来位置，确保乘客安全。

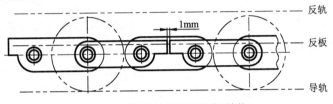

图 4-4　牵引链条断链弯折结构

2）牵引齿条

中间驱动装置所使用的牵引构件是牵引齿条，它的一侧有齿。两梯级间用一节牵引齿条连接，中间驱动装置机组上的传动链条的销轴与牵引齿条的牙齿相啮合以传递动力。

牵引齿条的另一种结构形式是：齿条两侧都制成齿形，一侧为大齿，另一侧为小齿。牵引齿条的大齿用途如前所述，小齿则是用以驱动扶手胶带。

牵引构件必须选择合理可靠的安全系数，保证自动扶梯的正常可靠运行，安全系数 n 的选择一般按如下原则进行：对于大提升高度自动扶梯 $n=10$；对于小提升高度自动扶梯 $n=7$，我国自动扶梯标准规定安全系数 n 不得小于 5。

3. 扶梯的导向系统

自动扶梯的导向系统包括主轮和惰轮的全部导轨、反轨、反板、导轨支架及转向壁等。导轨系统的作用在于支撑由梯级主轮和惰轮传递来的梯路载荷，保证梯级按一定的规律运动及防止梯级跑偏等。因此，要求导轨既要满足梯路设计要求，还应具有光滑、平整、耐磨的工作表面，并具有一定的尺寸精度。在导轨系统中，导轨及反轨等在梯路各区段中应按结构要求进行配置。

支撑各种导轨的导轨支架及异形导轨如图 4-5 所示，导轨的材料可用冷拉或冷轧角钢或异形钢材制作，反轨由于是处于梯级控制运行状态区域，可用热轧型钢制作。

在工作分支的上、下水平区段处，导轨侧面与梯级主轮侧面的平均间隙要求小于0.5 mm，以保证梯级能顺利通过梳齿板，其他区段的间隙要求小于 1 mm。

当牵引链条通过驱动端牵引链轮和张紧端张紧链轮转向时，梯级主轮已不需要导轨及反轨了，该处是导轨及反轨的终端，该导轨的终端不允许超过链轮的中心线，并制成喇叭口形式，易于导向。但是惰轮经过驱动端与张紧端时仍然需要转向导轨，这种惰轮将终端转向导轨做成整体式的，即为转向壁（图 4-6），转向壁将与上分支惰轮导轨和下分支惰轮导轨相连接。

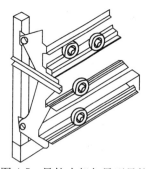

图 4-5 导轨支架与异型导轨

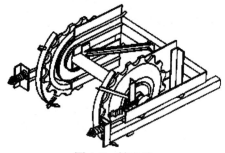

图 4-6 转向壁

中间驱动装置位于自动扶梯的中部，因而在驱动端和张紧端都没有链轮，梯级主轮行至上、下两个端部时，就需要经过如惰轮转向壁一样的转向导轨。这两个转向轨道通常各由两段约为四分之一弧段长的导轨组成，其中下部一段需要略可游动，以补偿由于长 400 mm 的牵引齿条从一分支转入另一分支时在圆周上所产生的误差（见图 4-7）。

4. 桁架

桁架是扶梯的基础构件，起着连接建筑物两个不同高度地面、承载各种载荷及安装支撑所有零部件的作用。桁架一般用多种型材、矩形管等焊接而成，对于小提升高度的自动扶梯桁架，一般将驱动段、中间段和张紧段（端部驱动扶梯）3 段在厂内拼装或焊接为一体，作为整体式桁架出厂；对于大、中提升高度的自动扶梯，出于安装和运输的考虑，桁架一般采用分体焊接，采用多段结构，现场组装，而且为保证刚性和强度，在桁架下弦处设有一系列支撑，形成多支撑结构。

桁架是自动扶梯内部结构的安装基础，它的整体和局部刚性的好坏对扶梯性能影响较大，因此一般规定它的挠度控制在两支撑距离的 1/750 范围内，对于公共型自动扶梯要求控制在两支撑距离的 1/1000 范围内。

5. 梳齿、梳齿板、前沿板

为了确保乘客上、下自动扶梯的安全，必须在自动扶梯进、出口设置梳齿前沿板，它包括梳齿、梳齿板、前沿板 3 部分，如图 4-8 所示。梳齿的齿应与梯级的齿槽相啮合，齿的宽度不小于 2.5 mm，端部修成圆角，保证在啮合区域即使乘客的鞋或物品在梯级上相对静止，也会平滑地过渡到楼层板上。一旦有物品不慎阻碍了梯级的运行，梳齿被抬起或位移，触发微动开关切断电路使扶梯停止运行。梳齿的水平倾角不超过 40°，梳齿可采用铝合金压铸而成，也可采用工程塑料制作。

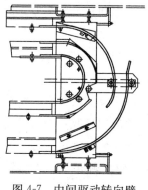

图 4-7 中间驱动转向壁

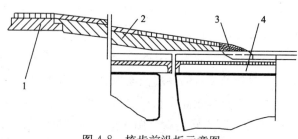

图 4-8 梳齿前沿板示意图

1—前沿板；2—梳齿板；3—梳齿；4—梯级踏板

梳齿板被固定支撑在前沿板上并固定梳齿，水平倾角小于 $10°$，梳齿板的结构为可调，保证梳齿啮合深度大于 6 mm。

自动扶梯梯级在出入口处应有导向，使从离开梳齿梯级的平直段和将进入梳齿板梯级的平直段至少为 0.8 m（该距离从梳齿根部量起），在平直运动段内，两个相邻梯级之间的最大高度误差为 4 mm，若额定速度大于 0.5 m/s 或提升高度大于 6 m，该平直段至少为 1.2 m（始测点与上述相同）。

6. 自动扶梯制动器

由于自动扶梯所承运的是乘客，提升高度大，所以其工作的安全可靠程度就显得非常重要。自动扶梯必须保证当设备发生各种故障，或因停电、发生地震等自然灾害时，能够有效并最大程度地保证人员的安全，所以自动扶梯采用了一系列的安全制动装置，其中包括工作制动器、紧急制动器和辅助制动器等。

1）工作制动器

工作制动器一般装在电动机高速轴上，它必须使自动扶梯在停车过程中，以人体能够承受的减速度停止运转，在停车后能够保持可靠的停住状态，工作制动器在动作过程中应反应灵敏迅速，无延迟现象。工作制动器必须采用常闭式，即自动扶梯不工作时始终为可靠的停住状态；而在自动扶梯正常工作时，通过持续通电由释放器（电磁铁装置）输出力或力矩，将制动器打开，使之得以运转；在制动器电路断开后，电磁铁装置的输出力消失，工作制动器立即制动，工作制动器的制动力必须由有导向的压缩弹簧或重锤来产生。自动扶梯的工作制动器常使用制动臂式、带式或盘式制动器等几种方式。

2）紧急制动器

在驱动机组与驱动主轴间使用传动链条传动时，如果传动链条断裂，两者之间即失去联系，此时即使有安全开关使电源断电，驱动电动机停止运转，自动扶梯梯路由于自身及载荷重力的作用，仍无法停止运行。特别是在有载上升时，自动扶梯梯路将突然反向运转和超速向下运行，导致乘客受到伤害。于是人们在自动扶梯驱动主轴上装设了一个制动器，采用机械方法使驱动主轴（梯级）在发生突然事故时整个停止运行，这个制动器被称为紧急制动器。

紧急制动器在下列情况下设置：

（1）工作制动器和梯路系统间是以传动链条连接的。

（2）工作制动器不是使用机电式制动器的。

（3）公共交通型自动扶梯。

紧急制动器的功能为：在制动力作用下，有载自动扶梯以较明显的减速度停止下来并保持在静止状态；不需要保证工作制动器的制动距离；紧急制动器的动作要能在紧急情况下切断控制电路；紧急制动器应该是机械式的，利用摩擦原理通过机械结构进行制动。

紧急制动器应在下列两种情况的任一种发生时起作用：首先梯级速度超过额定速度的 40% 之前；其次是梯级突然改变其规定的运行方向时。

3）辅助制动器

自动扶梯超过额定速度运行或者低于规定速度运行时都是很危险的。因此一般的自动扶梯应尽可能配设速度监控装置。当速度监控装置发出信号后，辅助制动器动作，确保扶梯立即停止运行。辅助制动器动作后需要人工操作才能复位。因此在扶梯停止时也具有保护作用,尤其在满载下行时,其作用更加显著。辅助制动器属于选择功能,可以根据用户的要求配置。但存在下列情况之一的自动扶梯必须配置辅助制动器:

(1) 自动扶梯提升高度大于 6 m。

(2) 自动扶梯驱动传动中存在摩擦传动或者存在单排链传动。

(3) 自动扶梯工作制动器不是机械式的。

7. 扶手带装置

扶手带装置是自动扶梯中的重要安全部件,其首先是防止乘客不慎滑落扶梯,其次由于扶手带与梯级同步运行,可以保证乘客站稳不致跌倒。自动扶梯在装备了扶手带装置后,才逐渐进入实用阶段。

扶手带装置由扶手带、驱动系统、扶手带张紧装置、护壁板及相关装饰部件等组成,扶手带装置可以看作是装设在自动扶梯梯路两侧特种结构形式的胶带输送机,同时还可根据环境的特点选择彩色扶手胶带,与建筑物及装饰和谐地融为一体,成为建筑结构中的一个亮点,具体扶手带装置结构如图 4-9 所示。

自动扶梯在空载运行情况下,能源主要消耗于克服梯路系统和扶手带系统的运行阻力,其中扶手带运行阻力约占空载总运行阻力的 80 %,减少扶手带运行阻力可以大幅度地降低能源消耗。

1) 扶手带

扶手带(见图 4-10)是一种边缘向内弯曲的橡胶带,由橡胶层、帘子布层、钢丝层、摩擦层等组成,一般为黑色,随着对建筑物装设美化要求的提高,现在也出现了红色、蓝色等彩色扶手带供业主选择。

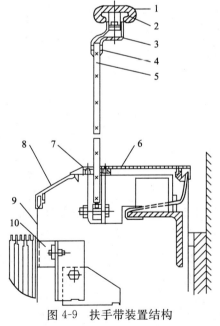

图 4-9 扶手带装置结构

1—扶手带;2—扶手带导轨;3—扶手带支架;4—玻璃垫条;
5—护壁板(钢化玻璃)6—外盖板;7—内盖板;8—斜盖板;
9—围裙板;10—安全保护装置

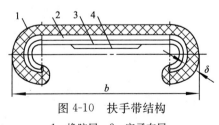

图 4-10 扶手带结构

1—橡胶层;2—帘子布层;
3—钢丝层;4—摩擦层

扶手带按照内部衬垫不同可分为如下几种。

（1）多层织物衬垫扶手胶带：此种结构具有延伸率大的特点，在使用时必须注意调整带的张紧装置。

（2）织物夹钢带扶手胶带：此结构在工厂生产时制成闭合环形带，不需在工地拼接，延伸率小，调整工作量小；缺点是长期使用后钢带与橡胶织物间易脱胶，脱胶后钢带会在扶手胶带内隆起，甚至戳穿帆布造成扶手胶带损坏。

（3）夹钢丝绳织物扶手胶带：这种结构在织物衬垫层中夹一排细钢丝绳，既增加扶手胶带的强度，又可控制扶手胶带的延伸，这种扶手胶带在工厂生产时制成闭合环形，不需在工地拼接，综合性能良好。我国生产的自动扶梯多采用这种结构，并且扶手胶带宽度一般为 $b=80\sim90$ mm，厚度 $\delta=10$ mm。

2）扶手支架与导轨装置

扶手支架（护壁板）是自动扶梯展示给乘客的"外貌"，自动扶梯的外形美观程度及与建筑物内部的色彩、装修结构的协调性，都通过其展示出来。扶手支架结构分为全透明无支撑式、半透明支撑式及不透明有支撑式等，其中全透明无支撑式占绝大部分，全透明无支撑结构一般由高强度钢化玻璃构成。为了进一步提高扶梯的装饰性和改善扶梯部分的照明亮度，扶手支架上还可装设一系列的照明灯具，这些照明灯具安装在扶手支架下，给扶手带和梯级照明。为防止发生意外碰触，照明灯外侧必须设置透明灯罩。图 4-11 分别展示了带照明装置扶手支架和不带照明装置的苗条型扶手支架装置。扶手导轨一般采用冷拉型材或不锈钢型材制成，安装在扶手支架上，对扶手带起支撑和导向作用。

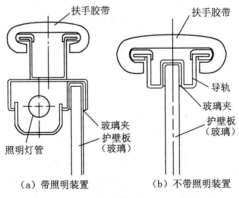

图 4-11　扶手支架装置及导轨

3）扶手带驱动装置

扶手带驱动装置的功能是驱动扶手带运行，并且保证其运行速度与梯级同步，两者之间的速度差不大于 2%。目前常用的扶手带驱动装置有摩擦轮驱动、压滚轮驱动和端部轮驱动 3 种形式。

（1）摩擦轮驱动装置。摩擦轮驱动扶手带是利用扶手带驱动轮与扶手胶带之间的摩擦力，驱动扶手带以梯级同步的速度运行的装置，其整体布置如图 4-12 所示，此种方式由于扶手胶带会反复多次弯曲，增加了扶手胶带的驱动阻力，同时由于疲劳的原因还会对扶手胶带的寿命有较大的影响，扶手胶带的压紧装置如图 4-13 所示。

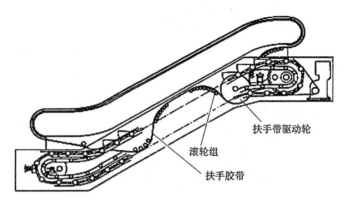

图 4-12　摩擦轮驱动带装置

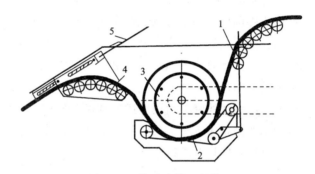

图 4-13　扶手胶带压紧装置

1—扶手胶带；2—压紧带；3—扶手带驱动轮；

4—滚轮组；5—扶手带张紧装置

（2）压滚轮驱动装置。这种扶手带驱动系统由包围在扶手胶带上、下两侧的两组压滚组成。上侧压滚组由自动扶梯的驱动主轴获得动力驱动扶手胶带，下压滚组从动，仅压紧扶手胶带（图 4-14）。这种结构的扶手胶带基本上是顺向弯曲，较少反向弯曲，弯曲次数大大减少，降低了扶手胶带的僵性阻力。由于不是摩擦驱动，扶手胶带不再需要启动时的初张力，调整装置只为调节扶手胶带长度的制造误差而设，因此能大幅度减少运行阻力，同时也延长了扶手胶带的使用寿命。测试结果表明：这种结构形式较摩擦轮驱动形式的运行阻力减少50％左右。

（3）端部轮式驱动装置。端部轮式驱动装置具体结构如图 4-15 所示。从工作原理上来讲，端部轮式驱动也属于摩擦轮驱动方式，所不同的是将驱动轮置于扶梯的端部，可有效地加大扶手带在驱动轮上的包角，提高驱动能力，并且不需对扶手带施加过大的张紧力。采用此种驱动装置具有驱动效率较高、较易保证扶手带与梯级运行的同步、扶手带伸长量小、带寿命较长等特点，但此方式不适合于透明护壁板扶梯。

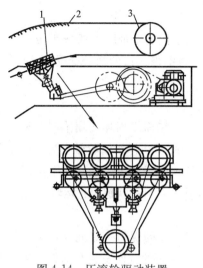

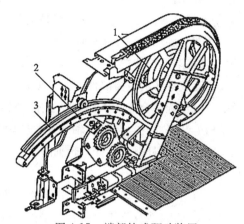

图 4-14　压滚轮驱动装置
1—扶手带驱动装置；2—滚子组；3—导向轮

图 4-15　端部轮式驱动装置
1—驱动轮；2—张紧弓；3—扶手带

8. 自动扶梯安全装置

自动扶梯运行是否安全可靠，直接关系到每一个乘员的生命安全，所以必须在设计、生产、安装、使用等过程中，将可能发生的危险情况全面周到地考虑清楚，并采用有效的措施加以防范和控制。目前在自动扶梯中，设置了较多的安全装置。

扶梯常设安全装置如下。

1）工作制动器

工作制动器是自动扶梯正常停车时使用的制动器。一般采用制动臂式制动器、带式制动器或盘式制动器。

2）紧急制动器

紧急制动器是在紧急情况下起作用的。在驱动机组与驱动主轴间采用传动链条进行连接时，应设置紧急制动器；为了确保乘客的安全，即使提升高度在 6 m 以下，也应设置。

3）速度监控装置

自动扶梯在超过额定速度或低于额定速度时都是危险的。如果发生上述情况，速度监控装置应能切断自动扶梯和自动人行道的电源。

4）牵引链伸长或断裂保护设备

牵引链条由于长期在大负荷状况下传递拉力，不可避免地要发生链节及链销的磨损、链节的塑性拉伸、链条断链等情况，而这些事故在发生后，将直接威胁到乘客的人身安全，所以在牵引链条张紧装置中张紧弹簧端部装设触点开关，如果牵引链条磨损或其他原因伸长或断链时，触点开关能切断电源使自动扶梯停止运行。

5）梳齿板安全保护装置

梳齿板安全保护装置是当异物卡在梯级踏板与梳齿板之间，导致梯级无法与梳齿板正常啮合时，梯级的前进力将梳齿板抬起移位，使微动开关动作，导致扶梯停止运行，达到安全保护的作用。

6）扶手胶带入口防异物保护装置

为防止有异物随扶手带进入其入口（特别是小孩由于好奇而用手抓扶手带时，手被带入），在扶手带的入口处安装有安全保护装置，当位于扶手带入口的橡胶套受到 30～50 N 的压力时，微动开关动作，使扶梯停止运行。

7）梯级塌陷保护装置

梯级是运载乘客的重要部件，如果损坏是很危险的。在梯级损坏而塌陷时，梯级进入水平段无法与梳齿板啮合，图 4-16 即为此保护装置。如图所示在梯级惰轮轴上装一角形件，另在金属结构上装一立杆，与一转轴相连，转轴其下为开关。当梯级因损坏而下陷时（图 4-16 中虚线位置），角形杆碰到立杆，转轴随之转动，触发开关，自动扶梯停止运转。

8）裙板保护装置

如图 4-17 所示，自动扶梯正常工作时，裙板 2 与梯级 4 间保持一定间隙，单边为 4 mm，两边之和为 7 mm。为保证乘客乘行自动扶梯的安全，在裙板的背面安装 C 形钢，离 C 形钢一定距离处设置开关。当异物进入裙板与梯级之间的缝隙后，裙板发生变形，C 形钢也随之移位并触发开关，自动扶梯立即停车。

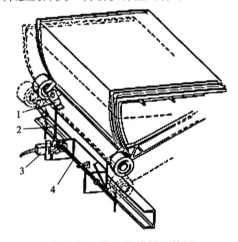

图 4-16　梯级塌陷保护装置

1—角形件；2—立杆；3—开关；4—转轴

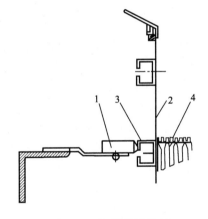

图 4-17　裙板保护装置

1—微动开关；2—裙板；3—加强型钢；4—梯级

9）梯级间隙照明装置

在梯路上、下平区段与曲线区段的过渡处，梯级在形成阶梯，或在阶梯的消失过程中，乘客的脚往往踏在两个梯级之间而发生危险。为了避免上述情况的发生，在上、下水平区段的梯级下面各安装一个绿色荧光灯，使乘客经过该处看到绿色荧光时，及时调整在梯级上站立的位置。

10）电动机超载保护

当超载或电流过大时，热继电器自动断开使自动扶梯停车，在充分冷却后，可重新启动工作，以保护电动机不致烧毁。

11）相位保护

当电源相位接错或相位缺相时，自动扶梯应不能运行。

12）急停按钮

在扶手盖板上装有一个红色紧急开关，其旁边装有钥匙开关，可以按要求方向打开。紧急开关装在醒目而又容易操作的地方。在遇有紧急情况时，按下开关，即可立即停车。

自动扶梯常设置的安全装置在扶梯上的安装位置如图 4-18 所示。

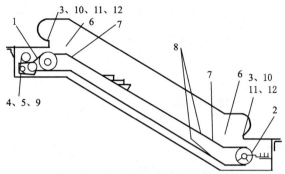

图 4-18　安全装置安装位置示意图

1—驱动链安全装置；2—梯级链安全装置；3—扶手带入口安全装置；4—电磁制动器；
5—限速器；6—裙板安全装置；7—弯曲部导轨安全装置；8—梯级滚轮安全装置；
9—不反转装置；10—急停按钮；11—梳齿安全装置；12—梯级滚轮安全装置

技术与应用——乘坐自动扶梯的安全及礼貌

不少人使用自动扶梯时，除了让扶梯带动外，自己还会用双腿在梯级上行走，以节省时间。因此，使用扶梯时，站立的乘客应该靠梯级的同一边，让出另一边的梯级，供行走的人使用。不过不同的地区对于应该站到哪一边有不同的俗例。例如，伦敦地下铁路、华盛顿地下铁路、日本关西的铁路、台北捷运，要求站立的乘客站到右边；日本东京却要求乘客站在左边；蒙特利尔的地铁更没有任何规则，因为他们认为乘客根本不应在扶梯上行走；香港地下铁路的规则是靠右站。不过在繁忙时间，使用扶梯的人太多，很多时候扶梯左右两边都站满了人。

根据中国电梯协会的建议，自动扶梯的乘客应该尽量靠右站，不过真正了解这项建议且身体力行的不多。

除此以外，使用自动扶梯还应注意：经常紧握扶手，不要站到级边，不要把头或手伸出梯外，否则可能撞到天花或相邻的扶梯；不要奔跑嬉戏，不要使用自动扶梯搬运货物；婴儿车、货物推车等应使用升降机；使用轮椅、拐杖的乘客应该尽量使用升降机，要照顾小童及老人；自动扶梯都会有紧急刹停的按钮，供遇上意外时使用。

技能与实训——桁架的安装连接、起吊和调整

一、技能目标

掌握桁架的安装连接、起吊和调整方法。

二、实训材料

吊车、倒链、卷扬机（10～15 t）、龙门架、方木、滚杠、铁托、木板、滑轮、滑轮组、撬辊、90°角尺、钢直尺、钢卷尺、水平尺、线坠、千斤顶、人字架（两步搭）、木锤子、橡皮锤子。吊线用的架子（可用角钢自制）、吊线钢丝（$\phi0.5\sim\phi0.75$ mm）。

三、操作步骤

1. 吊装前的准备工作

（1）结合扶梯土建图上吊点的要求及吊装方案，在各吊点挂装钢丝绳、倒链、滑轮组等装置，固定卷扬机，保证卷扬机在受力时不会倾覆。

（2）在上、下支承预埋铁上结合图样尺寸要求，将安装垫板及减振橡胶按安装手册要求预固定。

2. 桁架的水平运输

（1）桁架在到达现场后，一般受建筑物的影响，不能直接在安装现场卸货，需要在室外或入口处卸下，进行一段水平运输至井道附近。

（2）桁架水平运输时，用千斤顶顶起，在桁架底部加装铁托、滚杠、木板，在机头或允许挂绳的部位，用卷扬机水平拉动运至井道安装现场和拼接现场。

3. 桁架的安装连接

（1）拆箱后，将自动扶梯的分段金属框架按次序运至拼接现场。一般在金属框架端部都有对接顺序标记。

（2）将其内部的梯级逐一拆下卸出，牵引链条（包括梯级主轴）从接头处拆开卸出，并进行清洗、上油。

（3）桁架连接采用端面配合连接法，在每个接合面上用若干只高强度螺栓连接（个别厂家的连接螺栓在端部有一段锥形销，在插入后需用铁锤打紧）。

（4）由于受压面和受拉面上都用高强度螺栓，所以必须采用专用工具（如测力扳手），以免拧得太紧或太松。

（5）桁架的连接可在地面上进行，也可在悬吊半空的情况下进行。

注：若桁架整体出厂时，本连接工艺省略。

4. 桁架的吊装就位

（1）自动扶梯的起吊点只能在其两端的支承角钢上的起吊螺栓或吊装脚上。

（2）根据扶梯起吊点的结构可以采用吊环或绳头固定套环挂钢丝绳。

（3）用卷扬机、倒链、滑轮、滑轮组等将扶梯桁架大部分送至井道。

（4）机头部分用卷扬机、滑轮、滑轮组垂直牵引，机尾部分用倒链垂直起吊，并在机尾也用卷扬机拉引，防止机头提起桁架突然前移，做到"一提一放"。对于大跨度扶梯为防止桁架长度过长变形，一般要加设中间辅助吊点，但该点不能拉力过大，一般只承受桁架部位自重即可，且吊挂点必须符合桁架受力点要求。

（5）在桁架机头高于上支承位置后，机尾部分先落入下支承安装垫板上，机头部分缓缓落在上支承安装垫板上，并且上支承搭接长度应基本相等。

5. 桁架的调整

（1）桁架上、下支承支座的调整，桁架的支座必须符合布置图上所给定的受力要求。支座表面保持平整、干净和水平。

（2）桁架与最终地面高差的调整：用水平尺测定桁架上、下支撑处最终地面是否与梳齿前沿板接平或高出地面 2～5 mm，如果不水平、不重合，可调节桁架两端的高度（用调整垫片）直至满足上述要求，调节过程中应保证桁架上、下支承的水平，桁架边框高出地面处应采取措施平缓过渡。

（3）扶梯桁架中心线与井道安装中心线的调整。

（4）扶梯所在位置的调整：从建筑物柱体的坐标轴开始，测量和调整坐标轴和梳齿板后沿的距离，横梁至桁架端部间的距离应为 40～60 mm。

（5）并列或并靠自动扶梯前、后距离的调整：如果在同一层楼有多台扶梯并列或并靠组装时，分别调整自动扶梯上、下两端前后位置偏差、高低位置偏差，前后偏差不大于 15 mm，高低偏差不大于 8 mm。

（6）大跨度扶梯中间支承的安装调整：当提升高度大于 6 m 的自动扶梯安装时，需要在中部加装中间支承或有其他增强措施。

6. 桁架的固定

完成以上步骤后，将桁架固定。

四、综合评价

桁架的安装连接、起吊和调整综合评价表如表 4-1 所示。

表 4-1　桁架的安装连接、起吊和调整综合评价表

序号	主要内容		评分标准	配分	扣分	得分
1	准备工作		桁架不完整坚固，扣 10 分	20		
			桁架有扭曲及损伤现象，扣 10 分			
2	主控项目		角钢与支承基础搭接长度不符合扶梯桁架两端支撑标准，小于 100 mm，扣 20 分	20		
3	一般项目		桁架两端支承处应保持水平，其不水平度大于 1/1000，扣 10 分	50		
			扶梯桁架中心线与井道中心线的偏差大于 1 mm，扣 10 分			
			桁架上端部与支承基础边缘间的距离不在 40～60 mm，扣 10 分			
			扶梯桁架的挠度超过支承距离的 1/750，扣 5 分；扶梯挠度超过支承距离的 1/1000，扣 5 分。倾角的误差大于 0～0.5°，扣 10 分			
4	职业规范团队合作	安全文明生产	违反安全文明操作规程，扣 3 分	10		
		组织协调与合作	团队合作较差，小组不能配合完成任务，扣 3 分			
		交流与表达能力	不能用专业语言正确、流利地简述任务成果，扣 4 分			
合计				100		

4.2　自动人行道

➤ 本节主要介绍自动人行道的主要技术参数及分类。

➤ 本节简单介绍自动人行道的结构。

➢ 本节介绍自动人行道扶手胶带的安装方法。

 观察与思考

　　什么是自动人行道？自动人行道（Passenger Conveyor）是带有循环运行（板式或带式）走道，用于水平或倾斜角不大于12°输送乘客的固定电力驱动设备。自动人行道的倾角为0~12°，以前推荐可至15°，但考虑到安全要求只允许使用到12°。自动人行道的输送长度在水平或微斜时可至500 m。输送速度一般为0.5m/s，最高不超过0.75m/s。

　　自动人行道主要用于车站、码头、商场、机场、展览馆和体育馆等人流集中的地方，出现于20世纪初。结构与自动扶梯相似，主要由活动路面和扶手两部分组成。通常，其活动路面在倾斜情况下也不形成阶梯状。

4.2.1　自动人行道主要技术参数

（1）输送长度 L：输送长度是指自动人行道入口至出口的有效长度（踏板面长度）。

（2）名义宽度 Z_1：名义宽度是指踏板或胶带宽度的公称尺寸。自动人行道的名义宽度不应小于580 mm，且不超过1 100 mm；对于倾斜角不大于6°的自动人行道，允许有较大的宽度。

（3）额定速度 V：自动人行道的踏板或胶带在空载情况下的运行速度，是由制造厂商所设计确定并实际运行的速度。自动人行道的额定速度一般不应超过0.75 m/s。如果自动人行道的踏板或胶带的宽度不超过1.1 m，自动人行道的额定速度最大允许达到0.9 m/s。

（4）倾斜角 α：踏板或胶带运行方向与水平面构成的最大角度。自动人行道的倾斜角不应超过12°。

（5）理论输送能力 C_1：自动人行道每小时理论输送的人数。

自动人行道型号说明如下所示：

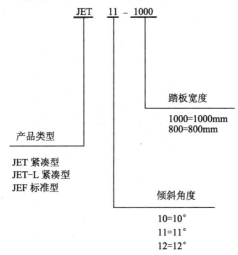

4.2.2　自动人行道的分类

1）按结构形式分类

（1）踏步式自动人行道（类似板式输送机）。

（2）胶带式自动人行道（类似带式输送机）。

（3）双线式自动人行道：牵引链条两分支即构成两台运行方向相反的自动人行道，踏步的一侧装在该牵引链条上，踏步另一侧的车轮自由地运行于它的轨道上。

为了达到与自动扶梯零部件通用和经济性的目的，常采用梯级结构和相同的扶手结构。扶手应与活动路面同步运行，以保乘客安全。

2）按扶手装饰分类

（1）全透明式：指扶手护壁板采用全透明的玻璃制作的自动人行道，按护壁板采用玻璃的形状又可进一步分为曲面玻璃式和平面玻璃式。

（2）不透明式：指扶手护壁板采用不透明的金属或其他材料制作的自动人行道。由于扶手带支架固定在护壁板的上部，扶手带在扶手支架导轨上做循环运动，因此不透明式其稳定性优于全透明式。主要用于地铁、车站、码头等人流集中的高度较大的自动人行道。

（3）半透明式：指扶手护壁板为半透明的，如采用半透明玻璃等材料的扶手护壁板。

就扶手装饰而言，全透明的玻璃护壁板具有一定的强度，其厚度不应小于 6 mm，加上全透明的玻璃护壁板有较好的装饰效果，所以护壁板采用平板全透明玻璃制作的自动人行道占绝大多数。

3）按踏面结构分类

（1）踏板式：乘客站立的踏面为金属或其他材料制作的表面带齿槽的板块的自动人行道。

（2）胶带式：乘客站立的踏面为表面覆有橡胶层的连续钢带的自动人行道。

胶带式自动人行道运行平衡，但制造和使用成本较高，适用于长距离速度较高的自动人行道。多见的是踏板式自动人行道。

4.2.3　自动人行道的结构

1）基本结构

自动人行道基本结构如图 4-19 所示，主要由金属骨架、驱动装置、传动系统、踏板、导轨系统、扶手装置、盖板、安全装置和电气系统等多个部件组成。自动人行道的驱动装置、扶手装置、桁架等结构与自动扶梯基本一致，主要区别是自动扶梯提供乘客站立的是梯级，而自动人行道提供乘客站立的是踏板。

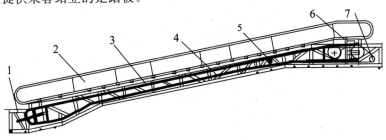

图 4-19　自动人行道基本结构

1—金属骨架；2—扶手装置；3—导轨系统；4—踏板；

5—扶手带张紧装置；6—传动系统；7—驱动装置

2）自动人行道的传动系统

自动人行道传动系统如图 4-20 所示。驱动装置 1 通过双排驱动链 2 带动主轴 10 运转，从而带动踏板链轮 11 使踏板运转；主轴运转时，主轴上的小链轮 4 通过扶手驱动链 9 把动力传到扶手轴链轮 7，使扶手轴 6 及摩擦轮 8 运动，从而带动扶手带运转。

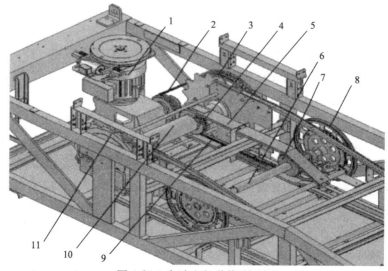

图 4-20　自动人行道传动系统

1—驱动装置；2—驱动链；3—双排驱动链链轮；4—小链轮；5—扶手驱动链链罩；
6—扶手轴；7—扶手轴链轮；8—摩擦轮；9—扶手驱动链；10—主轴；11—踏板链轮

技术与应用——自动人行道的相邻区域要求

在自动人行道的出入口，应有充分畅通的区域，以容纳乘客。该畅通区的宽度至少等于扶手带中心线之间的距离，其纵深尺寸从扶手带转向端端部算起，至少为 2.5 m。如果该区宽度增至扶手带中心距的两倍以上，则其纵深尺寸允许减少至 2 m。

自动人行道的踏板或胶带上空垂直净高度不应小于 2.3 m。建筑物的障碍物会引起人员伤害时，则应采取相应的预防措施。特别是在与楼板交叉处及各交叉设置的自动人行道之间，应在外盖板上方设置一个无锐利边缘的垂直防碰挡板，其高度不应小于 0.3 m。（扶手带中心线与任何障碍物之间的距离不小于 0.5 m 时除外。）

扶手带外缘与墙壁或其他障碍物之间的水平距离在任何情况下均不得小于 80 mm，这个距离应保持至自动人行道的踏板或胶带上方至少 2.1 m 高度处。对相互邻近平行或交叉设置的自动扶梯，扶手带的外缘间距离至少为 120 mm。

技能与实训——扶手胶带的安装

一、技能目标

掌握扶手胶带的安装方法。

二、实训材料

扳手、木块、橡皮锤子、石蜡、塞尺、钢锉、专用扶手带安装工具。

三、操作步骤

（1）用手盘车检查，扶手驱动轮在导轨上必须能自由上、下滑动。

（2）滑轮群及防偏轮各轴承应转动灵活，发现有卡死之托辊，应随时调换，以免将扶手胶带磨损。

（3）若厂家要求，可用石蜡（或凡士林）给内程扶手导轨和扶手表面充分涂蜡。但注意不要让导轨和扶手胶带中间部分沾上蜡。

（4）扶手带是整根环状出厂的，安装前里外应清洁，安装时将扶手带下分支绕驱动端滑轮群，嵌入扶手驱动轮（此时扶手驱动应位于最高位置，中间放在托辊上）下部绕过导向轮组，再用扶手带安装专用工具将扶手带套入上下头部转向滑轮群组。

（5）在上、下扶手转角栏处各站一人，朝下方向猛拉扶手带，如果开始阻力很大，不要松手，因为随着扶手带有较长一部分被拉入导轨后，阻力便会大大减小，中间一人用手将扶手带移动到扶手导轨系统上。

（6）适当调节扶手驱动滑轮及扶手压紧带托轮及张紧装置，然后反复上、下盘车，调节滑轮群组、导向轮组及张紧弹簧，使扶手带能顺利通过而不碰擦，扶手带自身张紧力适当，不可过紧或过松。

（7）调整传动辊与扶手内侧间的间隙每边在 0.5 mm 以上。

四、综合评价

扶手胶带的安装、调整综合评价表如表 4-2 所示。

表 4-2　扶手胶带的安装、调整综合评价表

序　号	主 要 内 容	评 分 标 准	配 分	扣　分	得　分
1	主控项目	扶手导轨连接处不光滑或尖棱，扣10 分	40		
		扶手护壁板边缘不是倒圆或倾角，扣10 分			
		扶手开口处与导轨或扶手支架之间的距离超过 8 mm，扣 10 分			
		相邻两块玻璃之间的错位大于 2 mm，扣 10 分			
2	一般项目	扶手系统机头回转装置左、右两侧扶手回转滚轮架平行度偏差超过 ±1 mm，扣10 分	50		
		扶手带安装后没有适当的张紧度，扣10 分			
		左、右扶手导轨与中心几何尺寸偏差大于 1 mm，扣 10 分			
		玻璃的夹紧力过大或过松，扣 10 分			
		电缆、软管的敷设应可靠固定，且固定均匀，端头处固定距离大于 0.3m，扣10 分			

续表

序 号	主 要 内 容		评 分 标 准	配 分	扣 分	得 分
3	职业规范 团队合作	安全文明生产	违反安全文明操作规程,扣3分	10		
		组织协调与合作	团队合作较差,小组不能配合完成任务,扣3分			
		交流与表达能力	不能用专业语言正确、流利地简述任务成果,扣4分			
	合 计			100		

小 结

 回忆一下, 下面列举的自动扶梯与自动人行道的相关知识你了解了吗?

(1) 自动扶梯倾斜角不应超过30°,当提升高度不超过6 m,额定速度不超过0.50 m/s时,倾斜角允许增至35°。

(2) 自动人行道的倾斜角不应超过12°。

(3) 自动扶梯的型号说明一般包括产品类型、倾斜角度、水平梯级数和梯级宽度。

(4) 自动人行道的型号说明一般包括产品类型、倾斜角度和踏板宽度。

(5) 链条驱动式自动扶梯的结构一般由梯级、牵引链条、梯路导轨系统、驱动装置、张紧装置、扶手装置和金属桁架结构等组成。

(6) 自动人行道的基本结构主要由金属骨架、驱动装置、传动装置、踏板、导轨系统、扶手装置、盖板、安全装置和电气系统等多个部件组成。

 告诉我, 这些知识你能描述出来吗?

(1) 自动扶梯桁架的安装连接、起吊和调整方法。

(2) 自动人行道扶手胶带的安装方法。

(3) 自动人行道传动系统的动力传动过程是什么?

 注意, 这些内容与你后续知识的学习关系紧密

(1) 自动扶梯的主要技术参数。

(2) 自动人行道的主要技术参数。

练 习

1. 判断题(对的打√,错的打×)

(1) 工作制动器与梯级踏板或胶带驱动装置之间可以采用平带连接。( )

(2) 自动扶梯的输送能力是由运行速度和提升高度决定的。( )

(3) 自动扶梯在超过额定速度或低于额定速度时都是危险的。( )

(4) 转向壁是为了保证梯级在直线段上正常运行。( )

（5）梯级踏面两端提供黄色标记是提醒乘客防夹。　　　　　　　　　（　　）

（6）紧急制动器（即附加制动器）在速度超过额定速度1.4倍之前应动作。　（　　）

（7）桁架两端支承处应保持水平，其不水平度应小于1/1000。　　　　（　　）

（8）桁架是扶梯的基础构件，起着连接建筑物两个不同高度地面、承载各种载荷及安装支撑所有零部件的作用。　　　　　　　　　　　　　　　　　　　　　（　　）

2. 选择题

（1）自动扶梯的端部驱动形式与中间驱动形式相比，其优点是（　　）。

A. 工艺成熟，维修方便　　　　　B. 结构紧凑

C. 能耗低　　　　　　　　　　　D. 可进行多级驱动

（2）自动扶梯的提升高度是指（　　）。

A. 所有梯级高度的总和　　　　　B. 一个梯级的高度

C. 扶梯进口至出口的距离　　　　D. 进出口两层楼板之间的垂直距离

（3）自动扶梯与自动人行道的名义宽度，是指（　　）。

A. 两扶手中线之间的距离　　　　B. 围裙板之间的距离

C. 梯级踏板的横向尺寸　　　　　D. 两扶手外缘之间的距离

（4）自动人行道的倾斜角不应超过（　　）。

A. 30°　　　　　B. 25°　　　　　C. 15°　　　　　D. 12°

（5）自动扶梯扶手带与梯级速度差不超过（　　）。

A. 5%　　　　　B. 2%　　　　　C. 3%　　　　　D. 1%

（6）自动扶梯的额定速度是指梯级（　　）。

A. 在空载下的运行速度　　　　　B. 在额定载荷下的运行速度

C. 半载下的运行速度　　　　　　D. 1/4载荷下的运行速度

（7）我国自动扶梯标准规定安全系数 n 不得小于（　　）。

A. 2　　　　　B. 3　　　　　C. 4　　　　　D. 5

3. 填空题

（1）梯级一般包含＿＿＿＿、＿＿＿＿、梯级骨架、梯级支架、＿＿＿＿和惰轮等部分。

（2）自动扶梯采用了一系列的安全制动装置，其中包括＿＿＿＿、＿＿＿＿和辅助制动器等。

（3）桁架两端支承处应保持水平，其不水平度应小于＿＿＿＿。

4. 简答题

简单叙述自动扶梯和自动人行道扶手胶带的安装方法。

第 5 章

电梯的维护、保养及安全管理制度

电梯与其他机电设备一样，它需要定期检查、保养和维护，防止危及人身及设备安全的事故发生，保证其可靠的稳定性和绝对的安全性。通过对电梯设备的定期保养与维护，可以保证电梯设备安全可靠运行，降低故障率和意外事故发生的概率，延长电梯设备的使用寿命。

学习目标

· 了解电梯维护与保养的一般要求。
· 掌握电梯的日常维护与保养。
· 掌握电梯的安全管理制度。

5.1 电梯维护与保养的一般要求

➤ 本节主要介绍电梯维护与保养的一般要求。

观察与思考

电梯维护与保养一般有哪些定期保养？电梯维护保养可分为周保养、月保养、半年保养和一年保养，如厂家有特殊要求的，应遵照厂家要求进行保养。

5.1.1 电梯周保养的一般要求

电梯要求每周保养一次，时间不少于 2 h，要求维护人员做到定人、定时、定梯进行保养。电梯周保养的基本要求如下。

1. 电源开关、安全开关

（1）控制柜总闸及极限开关各电气元件齐全无损伤，接线牢固。

（2）检查熔断器中的熔丝接触情况，触点牢固，应无打火现象。

（3）急停、安全窗、井底、限位等安全开关应接触良好，动作正常、可靠，不准跨接。

2. 曳引机的外观机体应保证清洁光亮

1）减速机

（1）运行时应平稳，无异常振动。

（2）减速箱油面高度应保持在规定的油位线之内。

（3）减速箱油温不超过 85℃。

2）电动机

（1）电动机运行中不应有摩擦声、碰撞声或其他杂音。如有异声，应停梯检查是否有异物侵入滑动轴承，轴承是否损坏。

（2）电动机油位应在油镜中心附近。

（3）电动机使用时环境温度不应高于 40℃，温升不应高于铭牌规定。

（4）电动机轴承窜壁不大于 4 mm。

3．制动器

（1）动作平稳可靠，无打滑，制动瓦接触面不小于 70％。

（2）制动器未打开时，制动瓦应抱合紧密，盘车轮应不能用手盘动。

（3）制动器打开时，两侧间隙应一致，其四角间隙平均值两侧各不应大于 0.7 mm。

（4）制动器开闭应灵活、自如，线圈温升不超过 60℃。

4．控制柜

（1）柜内各电气元件应工作正常，仪表准确。

（2）无发热现象，各触点接触严密，无粘连烧损现象。

（3）柜内反开关无油污、无积尘。

5．限速系统

（1）限速轮：外观清洁，动作灵活，无明显月期打点，油路通畅，绳钳口处无异物油污，轮槽无异常磨损。

（2）张绳轮及安全钳装置：外观清洁，油路通畅，转动平稳，张紧轮毡垫加油，安全钳各联动机构灵活，钳口与导轨侧工作面间隙在 2～3 mm。

（3）选层系统：选层器转动及滑动部分清洁，油量充足，接点清洁，压力适当。

6．厅门与轿门系统

（1）厅门与轿门正常关闭后，应能接通门锁网络。锁紧元件的最小啮合长度为 7 mm，此时外厅门用手应不能扒开。

（2）安全触板、光电装置功能可靠。

（3）厅门、轿门、转动部位及滑道的转动部件清洁，转动自如，滑道加油，吊门轮、门滑块磨损的应及时更换。

（4）开关门机构的开关门总程清洁，活动及转动部位清洁加油。开门机构清除积灰、保洁。

7．层显系统，内选、外呼系统

（1）各元件指示功能正常，按钮活动自如，无卡阻现象。

（2）灯光显示正常，清洁无尘。

8．井道系统

（1）轿厢、对重导靴间隙均匀，靴衬无严重磨损。

（2）油盒、油刷无缺损，轨道润滑良好。

（3）钢丝绳张力均匀且无断股。

另外，铁门至机房间的楼道、机房、轿顶、底坑等部位应保持清洁，无垃圾，清除油污及灰尘。

5.1.2 电梯月保养的一般要求

月保养是在周保养的基础上对电梯的各部件进行清洁、润滑、检查，特别是对安全装置的检查。基本要求如下。

1. 减速机

（1）减速机应无异常响声，清除表面积尘油垢。

（2）为蜗轮的滚动轴承加油，检查联轴节有无损伤。

（3）检查曳引轮各绳槽磨损是否一致，紧固曳引轮各部位螺栓。

2. 电动机、发电机组

（1）清除其内外灰尘及油污。

（2）测速系统工作正常，传动系统无损伤。

3. 制动器

（1）检查电磁铁心与铜套之间的润滑情况。

（2）紧固各连接螺栓。

（3）线圈温升不超过 60℃。

4. 限速系统

（1）清除夹绳钳口处异物、油污。

（2）旋转销轴部位加油。

（3）检查限速器轮和张紧轮的轮槽有无异常磨损。

（4）检查张紧装置及电气开关动作是否正常。

5. 控制柜、励磁柜

（1）检查各电气元件、仪表，对不灵敏及损坏元器件应及时调整更换。

（2）检查接触器、继电器触点烧蚀情况，如严重凹凸不平，应修复或更换触点。

（3）检查机械联锁装置，对动作不可靠的应调整。

6. 钢丝绳

（1）检查钢丝绳锈蚀及磨损情况，绳头螺栓应锁紧，开口销齐备。

（2）钢丝绳张力应均匀。

7. 厅门与轿门系统

要清除各部位灰尘、油污，检查吊门轮、门导轨轴承，涂抹润滑油。

8. 选层系统

（1）清除各部位灰尘及油污，调整电气选层器动作间隙或准确度。

（2）为钢带轮及张绳轮轴加油，为活动拖板导轨加注润滑油。

9. 导轨

对有自动润滑装置的导轨，应加注机械润滑油。

10. 安全装置

（1）检查部位：断相保护装置、超速保护装置、机械联锁装置、厅轿门机电联锁装置，急停开关、修检开关、安全窗、限位、极限开关。

（2）各安全装置应灵活可靠，无卡阻现象，清除各安全装置的油垢。

11. **底坑**

清扫底坑杂物，清除缓冲器及各部件的灰尘，保持底坑干燥。

5.1.3　电梯半年保养的一般要求

半年保养主要是在月保养的基础上对电梯的重点部位检查调整、维护保养。

1. **电动机、发电机组**

（1）添加轴承润滑油。

（2）检查修理电刷刷架，清理换向器。

2. **曳引钢丝绳**

（1）调整张力与平均值相差不大于 5%。

（2）若钢丝绳表面油污过多，则应清除。

（3）检查钢丝绳绳头组合及绳头板是否完好无损。

（4）检查钢丝绳断丝与锈蚀的情况。

3. **导靴**

（1）清洗自动润滑装置，轴承处加注金属基润滑脂。

（2）紧固导靴螺栓，固定式导靴与导轨正面间隙应符合规定。

（3）检查滑动导靴衬垫，若磨损超过原厚度的 1/4 时，应更换。滚动轮导靴的滚轮无异常响声，发现开胶、断裂、磨损、轴承损坏时应更换。

4. **开门机**

（1）检查整个系统，在转动部位填充润滑脂。

（2）开门电动机电刷磨损超过原长度 1/2 时应更换。

（3）转动系统可靠无损伤。

5. **导轨**

检查导轨连接板、导轨压板、导轨支架及焊接部位应无松动、无开焊，并紧固各处螺栓，清洗、清除锈蚀部位。

6. **接线盒及电缆**

（1）检查各接线盒，紧固各接线端子，清除其灰尘。

（2）检查电缆有无挂碰、损伤，紧固电缆架螺栓。

7. **极限开关、限位开关**

（1）对极限开关做越程试验，越程距离为 150～250 mm，销轴部位应加注润滑油。

（2）限位开关越程试验距离 50～150 mm，销轴部位应加注润滑油。

5.1.4　电梯年保养的一般要求

电梯运行一年之后，要进行全面的技术检查，应由专业技术人员和相关的维护人员，对电梯的机械、电气、各安全设备的情况进行详细系统的检查，对电梯整机性能和安全可靠性进行检查测试。电梯年保养的具体内容如下。

（1）调换开关门继电器的触点。

（2）调换上下方向接触器的触点。

（3）仔细检查控制屏上所有接触器、继电器的触点，如有灼痕、拉毛等现象，应予以修复或调换。

（4）调整曳引钢丝绳的张紧均匀程度。

（5）检查限速器的动作速度是否准确，安全钳是否能可靠动作。

（6）调换厅门和轿门的滚轮。

（7）调换开关门机构的易损件。

（8）仔细检查和调整安全回路各开关、触点等工作情况。

众所周知，电梯设备的保养比较复杂，没有一个很好或固定不变的方法，这就要求我们在电梯的管理和硬件上不断进行改进和提高，制定合理的保养计划，维修人员需要熟知电梯机械和电气方面的知识，这样才能降低故障率和延长电梯设备使用寿命，使得电梯安全、可靠、舒适地为乘客服务。

技术与应用——特种设备作业人员的条件

根据国家规定，电梯作业人员属于特种设备作业人员。《特种设备作业人员监督管理办法》中第二条、第五条、第十条都对特种设备作业人员的条件及持证上岗作出如下规定。

特种设备作业人员应当按照国家有关规定经特种设备安全监督管理部门考核合格，取得国家统一格式的特种设备作业人员证书，方可从事相应的作业或者管理工作。

特种设备作业人员应当符合以下条件：

（1）年龄在 18 周岁以上。

（2）身体健康并满足申请从事的作业种类对身体的特殊要求。

（3）有与申请作业种类相适应的文化程度。

（4）有与申请作业种类相适应的工作经历。

（5）具有相应的安全技术知识和技能。

（6）符合安全技术规范规定的其他要求。

持有《特种设备作业人员证》的人员，必须经用人单位的法定代表人（负责人）或者其授权人雇（聘）用后，方可在许可的项目范围内作业。

5.2 电梯的维护与保养

➢ 本节主要介绍电梯各个部分的日常维护和保养。

➢ 本节简单介绍电梯的日常维护和保养的一些注意事项。

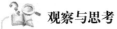 **观察与思考**

　　电梯日常维护和保养有哪几部分组成？电梯的日常维护和保养，对电梯安全运行非常重要，主要包括电梯机房的日常保养、电梯井道的日常保养、电梯轿厢的日常保养、电梯层站的日常保养和电梯安全保护系统的日常保养。

5.2.1　电梯机房的日常保养

1. 曳引机的维护

　　曳引机是电梯工作的重要部件之一，但经运输、安装和使用后，其准确度将会有所变化，也将影响电梯运行性能。因此，曳引机的日常保养是至关重要的。下面就讲述一些常见曳引机的保养要点。

　　（1）保证蜗轮蜗杆减速器有良好的润滑，蜗轮轴的滚动轴承通常每月应挤加一次钙基润滑脂，每年清洗更换一次。要经常检查油箱润滑脂内是否有杂质，如有杂质立即更换。

　　（2）在日常检查中，要注意油窗盖、轴承盖与箱体的连接处是否漏油，油色显示是否正常，必要时对油质进行检查。采用浸浴式润滑的蜗轮蜗杆减速器，合理的油量应以减速箱体游标两条刻线之间或油镜中线为准。

　　（3）注意检查减速箱体内油池中的油温和各部位轴承的温度。正常工作条件下，减速器各机件及轴承温度不得超过 70℃，油池中的油温不得超过 85℃。

　　（4）定期检查蜗杆的轴向窜动量和蜗杆副的啮合情况。电梯频繁的起停和换向运行会产生较大的冲击，推力轴承易磨损，进而引起蜗杆的轴向窜动超差。蜗杆和蜗杆轴的轴向游隙及蜗轮蜗杆的装配精度应符合国家的相关规定。

　　（5）其他注意事项。除上述注意事项外，还应注意以下事项：

　　① 蜗轮轴的防锈，尤其是轴肩部位要严防锈蚀，以免该处应力集中损坏蜗轮轴。

　　② 检查减速器和曳引机底座的紧固螺栓有无松动，减振垫有无异常变形，机架有无倾斜现象。如有异常，应及时采取措施进行调整、紧固。

　　③ 对于停用一段时间又重新启用的减速器，应注意箱体内润滑油的油质和油位，以及轴架上滚动轴承是否缺油，不可盲目运行。

2. 电动机的维护

　　（1）注意电动机温升的变化。温升是电动机异常运行和发生故障的最主要的信号。用手触法、温度计法或电阻法检测电动机工作温度，如果检查发现温升超过允许值（65℃），应及时停机查明原因，进行排除。否则，电动机的绕组将会烧坏。

　　（2）注意监听电动机运行中的声音。电动机运行中如有异常响声，可用螺钉旋具或细铁棒，一端顶住轴承盖，另一端贴在耳朵上听，可根据轴承运转的声音来判断故障。例如，如果听到"咝咝"的金属碰撞声，则可能是轴承缺油；若听到"咕噜咕噜"的冲击声，可能是滚动轴承中滚珠被轧碎；若出现刺耳的"嚓嚓"声，则说明转子与定子相擦。无论出现何种异常响声，均应停机做进一步检查。

　　（3）检查电动机有无渗油、漏油现象。检查油色、油温、油位是否正常。正常环境温度下，滑动轴承的正常工作温度不允许超过 80℃。润滑油油面的高度以不低于油镜中线为宜。当油色、油温、油位出现异常，应立即检查。

（4）注意电动机运转时的气味。电动机运转时，如嗅到焦煳味，说明电动机过热或有其他原因，应停机检查。

（5）检查电动机的绝缘性能。灰尘、受潮、接地状况等因素都会影响电动机的绝缘性能，用 500 V 绝缘电阻表测量电动机绕组间及绕组对地间的绝缘电阻，若测量结果小于 0.5 MΩ，说明电动机绝缘性能下降，应及时检查，根据不同的情况进行处理。

3. 曳引轮与导向轮的维护

曳引轮和导向轮的检查包括下列内容：

（1）检查曳引轮槽的工作表面是否平滑，检查钢丝绳卧入曳引轮槽内的深度是否一致，以衡量每根钢丝绳的受力是否均匀。当发现槽间的磨损程度差距最大达到曳引绳直径的 1/10 以上时，钢丝绳有打滑现象，要修理、车削或调换轮缘。

（2）每周检查导向轮（包括轿顶轮和对重轮）的润滑装置是否完好，轴承部位温升是否正常，运转是否灵活、有无异响。更换润滑脂，使之保持良好润滑状态。每年应对润滑部位清洗换油一次，疏通油路，更换有缺陷的轴承。

（3）经常检查曳引轮与导向轮轴承部位温升是否正常，运行中有无振动和异常声响。

4. 机房进线电源箱的保养

机房进线电源箱的保养包括下列内容：

（1）经常对电源箱进行清洁工作，使其无灰尘、杂物覆盖，以免影响其散热。

（2）保持其转动部位灵活，闸刀的夹座应有足够的夹持力，且三相夹持力应一致。

（3）三相熔断器应选用一致的熔丝，不得用多股熔丝或不同材质的熔丝替代。

（4）开关的接线应将电源进线接到保护闸盖下面，即拉掉闸刀后，保险的两端不应有带电体。

（5）总开关的接线装置应起作用，即在开闸断开电源打合箱盖后送不上电，合闸后箱盖打不开。

（6）经常检查压线螺母、保险夹座有无松动或发热变色之处；对兼做极限开关的总开关要保持其转动部位灵活，并保证其不误动作。

（7）对用断路器作为电源总开关的开关线路进行维护保养时，应先断开断路器。

（8）刀开关的刀片经常使用后会出现灼痕，灼痕严重时会影响接触效果。此时，应调换刀开关。

（9）应经常监视装有电压、电流表的电源箱，观察电压和电流不应大于额定值。否则，应切断电源，查明原因。

5. 控制柜的维护

控制柜是电梯的中心环节，内装有全部启动和控制的继电接触元器件：电阻、电容、热继电器、变压器和整流器等。

（1）接触器和继电器。接触器和继电器应在平时进行良好的维护保养，包括及时清扫尘灰（可在停电后用毛刷、皮老虎清扫）；保证压接导线牢靠无松动，转动部位灵活无阻碍，三个触点压力均匀；铁心上不应有油污；辅助触点不应断裂、扭歪或阻滞，以妨碍动、静磁铁的吸合动作。如果触头烧蚀不严重，可以用锉刀细细锉平磨光或是细砂布打磨光；若比较严重，则需要直接更换。

（2）PLC 与调速器。ACVVVF（交流变压变频）调速机与调速器组成逻辑集选电路与调速线路，对环境条件要求很严，如机房温度过高会使电梯电动机加剧发热以致烧毁。因此，良好的使用环境和及时认真的维护保养，可使交流调速电梯故障率大大降低。

（3）对变频器应定期检查，系统运行的时候，应确认电动机不应振动或发出异常的声音，不应异常发热，变频器的冷却风扇应正常运行。如发现异常，立即停止运行，进行检查。

（4）控制柜的检查保养。日常维护保养时应观察控制柜上的各种指示信号、仪表显示等是否正确，接触器、继电器动作是否灵活可靠，有无明显噪声，有无异常气味，变压器、电抗器、整流器工作是否正常，有无过热现象，检查控制柜的控制程序是否正确无误，保证控制柜内的器件都能够正常工作。

6. 曳引钢丝绳的维护

（1）经常检查与调整曳引钢丝绳的松紧度。电梯安装使用后，应根据实际情况，调整钢丝绳锥套螺栓上的螺母来调节弹簧的张紧度，使每根钢丝绳平均受力。每根钢丝绳悬挂受力应均匀，张力与平均值偏差不大于 5%。

（2）保持钢丝绳表面的清洁和适宜的润滑。平时要定期用煤油清除钢丝绳表面的油垢，保持清洁，避免油污带入曳引轮槽，影响正常的摩擦传动。对使用日久的钢丝绳，应经常检查其润滑情况。如绳表面已出现干燥，应定期用 20 号机油做薄层润滑，或涂一层薄而均匀的稀释型钢丝绳脂，但不可上油过多，更不能用普通润滑脂涂抹，以防钢丝绳传动打滑。

（3）检查钢丝绳表面的损伤情况。经常检查钢丝绳的损伤情况，如果出现断股，严重的磨损、锈蚀、扭曲变形或是断丝超过表 5-1 所示的规定数值，则需要更换曳引钢丝绳。

表 5-1　磨损、锈蚀和断丝的控制标准

钢丝类型	测量长度范围	
	6D	30D
6×19	6	12
8×19	10	19

（4）保证对重与缓冲器间应有足够的间隙。可在底坑通过测量或观察（轿厢在上端站平层位置时）对重与缓冲器的距离，保证其不小于下限值（弹簧式缓冲器为 150 mm，油压式缓冲器为 200 mm）。

5.2.2　电梯井道的日常保养

1. 导轨和导靴的维护

导轨和导靴的维护包括下列内容：

（1）保持滑动导靴良好的润滑。定期检查油杯中的油量并进行补充。通常每周调整一次油毡的伸出量，以保证润滑效果。对于无自动加油装置的轿厢导轨和对重导轨应定期涂抹钙基润滑脂。

（2）在进行导轨清洁和润滑保养的同时，应检查导轨工作面有无锈蚀、损伤，固定导轨的压道板、导轨连接板及导轨支架的紧固螺栓。对导轨工作面上的锈斑、划伤等缺陷，应细心打磨光滑。一般结合年度安全检查，对全部压板螺钉进行一次重复拧紧。

（3）定期检查滑动导靴靴衬的磨损情况。应注意靴衬底部与导轨工作面之间有无异物掉入，当两侧工作面的间隙超过 1 mm，正面工作面的间隙超过 2 mm 时，应更换新靴衬，否则将影响轿厢运行的平稳性。

（4）注意检查调整弹性滑动导靴的靴衬对导轨的压紧力。检查时，注意靴衬底部与导轨工作面的间隙，正常时紧贴无间隙，如出现间隙，应根据间隙大小进行检查或更换靴衬，避免轿厢运行过程中出现晃动。

（5）对采用滚动导靴的导轨，应保持工作面的清洁，但不允许上油，以防滚轮转动不灵活，应检查轴承，并清洗换油。

（6）无论何种导靴，每次检查均应注意靴座有无局部裂缝，组件有无变形，紧固螺栓有无松动。如有异常，应进行修复和固定。

2．对重与补偿装置的维护

1）对重装置的检查维护

（1）定期检查对重装置的砣块拉杆有无松动，砣块在对重架中的位置有无变化。如有窜动现象应及时码好压紧，使之稳固，防止砣块在运行中移位。

（2）如对重架上装有反绳轮，应保持其转动灵活，定期加润滑脂。

（3）如对重架上装有安全装置，应检查安全钳的传动机构和限位开关，清扫表面脏污灰尘，定期对传动机构进行润滑，保持动作的灵活可靠。

2）补偿装置的检查维护

（1）补偿链在轿厢运行中有时会产生异常响声，这种现象大多因补偿链伸长后拖至底坑地面与其他金属件碰擦造成，也可能是消音绳折断引起的。因此，平时应定期进行检查，提前消除这些隐患。

（2）对于补偿绳装置，检查补偿绳的伸长量是否超过允许的调节量外，检查张紧装置的紧固部位有无松动，在轴承处涂抹钙基润滑油，保持张紧轮和滑轨的良好润滑。

（3）定期检查补偿链、补偿绳两端头的连接是否稳固可靠，固定螺栓和绳卡应定期紧固。

3．减速、限位、极限开关的维护

（1）检查强迫减速开关、终端限位开关和装于井道内的终端极限开关固定是否牢固，有无松动移位现象。

（2）定期检查撞弓有无扭曲变形和移位现象。

（3）定期检查装于机房内的机械极限开关的碰轮与钢丝绳连接是否牢固，上下碰轮架是否牢固。每月对碰轮转动轴、各滑轮加一次机油，保证其转动灵活。

（4）定期对终端限位、终端极限开关进行试验，检查它们是否灵活可靠。如果电梯因限位开关失效或是由于其他原因不能在上端或下端及时停止，应查明原因，排除故障，并经有资格的技术人员检验后方可投入运行。

4．控制电缆和井道内配线的保养

软刷扫除井道电缆、盒、箱、柜和屏内接线端子等处的灰尘。检查并保证电缆外皮完好、无扭曲、无裂纹、无内部短路、无损伤，如有，则及时调换损坏的电缆。

5.2.3　电梯轿厢的日常保养

1. 轿厢内部的维护

轿厢内部的维护包括下列内容：

（1）轿内开关应灵活可靠。

（2）检查轿内操纵箱按钮的接触情况。检查钥匙开关、电话和蜂鸣器、照明及电扇的开关接触是否良好。如有故障，应及时修理。

（3）检查轿内楼层指示器的接触情况，如有与楼层指示不符者应找出原因，排除故障。

（4）注意及时更换不亮的灯具，保持轿厢正常的亮度。轿厢地面与控制装置上应保持至少 50lx 的照度。

（5）注意电风扇的工作状况是否正常，有无异常噪声和振动。

（6）保持轿厢清洁卫生，以免异物卡滞影响层门关闭。

2. 轿厢外部自动门机的维护

电梯自动门机有多种形式，如直流门机、交流门机、变频调速门机、无刷稀土同步电动机门机等。一般检查保养内容如下。

（1）检查开门机架各紧固螺钉是否有松动，松动的应旋紧。调节升门机拉杆螺栓，校正开门机底板的水平度。

（2）清除吊门导轨上的污物，检查吊门导轨支架是否牢固。在导轨表面注以少量机油使开关门灵活、无噪声、不跳动。轴承每年清洁一次并加润滑脂。

（3）检查三角传动带磨损情况，调整传动带张力，使其松紧适度。吊门轮外圆直径磨损 3 mm 时应予以更换。

（4）检查链条与链轮齿面的磨损情况，并应定期清洗链条与链轮。链条伸长不能与链轮正确啮合时，应更换链条。

（5）检查各转动部位的润滑情况，清除污垢后再注以润滑油。在联动机构装配之前，单扇门在水平中心处任何方向牵引，其阻力应小于 3 N。

（6）检查主动臂与两槽带轮连接点的螺栓是否紧固。两槽传动带轮转动 180°时，门应全部打开，调节主动臂上的正反扣螺母，便两扇门同步运行。

（7）轿门滑块应安装牢固，滑块不应脱出地坎滑槽，应保持地坎滑槽内清洁。

（8）安全触板应灵活可靠，碰撞力不大于 5N。清洁各传动部位，加适量润滑油。光幕应清洁无灰尘，发射与接收装置应固定牢靠。

（9）直流门机应检查直流电动机转动灵活与电刷磨损情况，磨损过量应更换。清除炭粉和灰尘，检查换向器磨损，检查有无机械损伤和火花灼痕。如有轻微灼痕，应用细砂布细细研磨。

（10）检查各行程开关或信号检测元件是否紧固，接触是否良好；各分压电阻器滑动臂接触是否良好。

3. 平层感应器的维护

平层感应器由两个干簧管式感应器组成，与装在轿厢导轨支架上的遮磁板配合动作，完成轿厢的平层功能。平层感应器应保持清洁和相对位置的正确，必要时应根据平层误差进行调整。

5.2.4　电梯层站的日常保养

1．楼层指示器的保养

经常检查每层楼层指示器所示的楼层是否正确，如楼层指示发生混乱，应及时查找原因校正。

2．开关门装置的保养

（1）层门和轿门应平整正直，启闭应轻便灵活，无跳动、摇摆和噪声。门滑轮的滚珠轴承和其他摩擦部分应定时加薄油润滑。

（2）层门门锁应灵活可靠，并定期做好润滑工作。当层门关闭锁上时应不能从外面开启。

（3）检查门锁啮合情况。目测锁紧元件的啮合情况，认为啮合长度可能不足时测量电气触点刚闭合时锁紧元件的啮合长度。

（4）应检查门锁电气触点在门打开时的绝缘情况。

（5）检查安全触板，经常检查、定期维护，保持动作灵活可靠。

另外，还应检查层站按钮的接触和动作情况，如有损坏，应及时修复或调换。

5.2.5　电梯安全保护系统的日常保养

1．限速器的保养

（1）每日应在机房里观察限速器的工作状态是否正常，检查各转动轴是否灵活。通常应每周加油一次，每年清洗换油一次。

（2）检查限速器钢丝绳的磨损情况，当磨损达到曳引钢丝绳更换要求时，应予以更换。当限速钢丝绳伸长量超过允许范围时，应及时将其截短，防止因此产生误动作而切断控制回路，影响电梯的正常动作。

（3）经常检查夹绳钳口部分的清洁状况，及时清除钳口处的污垢，使之动作可靠。

（4）定期检查张紧装置的工作状况。检查张紧轮转动是否灵活，每周应挤加一次润滑脂。断绳开关的动作应保持灵敏可靠。

（5）检查限速装置上的弹簧或压紧螺钉的固定是否可靠，有无松动现象。

限速器的工作必须满足国家标准 GB 7588—2003《电梯制造与安装安全规范》中规定，当发现有不满足国家标准的情况时，需要立即进行检修，保证限速器开关和断绳开关的可靠性。

2．安全钳的日常维护

（1）定期清除安全钳传动机构表面积灰和污垢，保持转动部位和楔块与钳口的摩擦面的清洁。转动部位应以机油润滑，保持转动部件和传动机构动作灵活可靠。

（2）用塞尺检查楔块工作面与导轨侧工作面的间隙，使之保持在 2.5～3 mm 的范围内或按生产厂家的要求值进行调整，各处间隙应均匀一致。

（3）检查传动机构、拉杆及钳座各处的紧固螺栓有无松动，必要时应逐一进行紧固，保持其相对位置的正确。

（4）检查拉杆、连杆等细长杆件有无弯曲变形，异形机件有无裂痕。如有缺陷，应以检修方式进行更换或校正。

（5）检查安全钳动作开关的固定是否良好，接线有无破损，必要时进行动作检查。

（6）检查限速绳与其传动机构的连接是否紧固。

（7）检查安全钳联锁触点的功能，托杆上拉时，联锁开关应动作并切断控制电路。

（8）轿厢空载，以检修速度下行，进行限速器-安全钳联动实验，限速器-安全钳联动动作应当可靠。如果发生异常，应及时检查，排除故障。

3. 缓冲器的维护

（1）检查缓冲器应当固定可靠；蓄能型缓冲器应无松动，弹性件及缓冲座应无缺损；耗能型缓冲器的油位及泄漏情况，应及时补充耗减的油量。

（2）检查耗能型缓冲器，保证其柱塞不能生锈，应定期加以清洁与润滑。

（3）检查耗能型缓冲器的复位时间，缓冲器完全复位的最大时间限度为120s。

（4）检查耗能型缓冲器液位，保证耗能型缓冲器液位正确，有验证柱塞复位的电气安全装置。

（5）检查当轿厢位于顶层端站平层位置时，对重装置撞板与其缓冲器顶面间的垂直距离。

4. 制动器的日常保养

制动器在动作时必须灵敏可靠，各活动部件传动轴销必须保持清洁，且每周加一次机油滑润。对制动电磁铁，每个月应检查一次动铁心与静铁心间润滑情况，每季应加一次石墨粉润滑。制动瓦在抱紧时，制动瓦应紧密地与制动轮工作表面贴合，保持足够的制动转矩。当轿厢载有125%额定载荷并以额定速度运行时，制动器应能使曳引机停止运转。制动瓦在松开时，制动瓦应同时离开制动轮工作面。制动瓦与制动轮周向间隙应均匀，并且不得大于0.7 mm，否则予以调整。制动器具体维护内容如下。

（1）检查制动瓦。制动瓦应当紧密地贴合于制动轮的工作表面上。松闸时，制动瓦应同时离开制动轮的工作表面，不得有局部摩擦，这时在制动轮与制动瓦之间形成的间隙不得大于0.5 mm。

（2）当周围环境温度为40℃时，在额定电压及通电持续率为40%时，温升不超过60 K。

（3）动作应灵活可靠。电磁铁在工作时，应能自由滑动；电磁线圈的接头应无松动现象，线圈外部防短路的绝缘要良好；制动器的销轴经常用薄油润滑，保持其自由转动；保持闸瓦制动带工作表面清洁，如滴入油污应擦净。

（4）当制动瓦的衬垫磨损后与制动轮的间隙增大，会使得制动不正常。如发生异常的撞击声时，应调节可动铁心与制动瓦臂连接的螺母来补偿磨损的厚度，使间隙恢复。当制动瓦的衬垫磨损值超过衬垫厚度的2/3时，应及时更换。

（5）制动器弹簧每隔一段时间要调整其弹簧力，使电梯在满载下降时能提供足够的制动力使轿厢迅速停住，而在满载上升时制动又不能太猛，要平滑地从平层速度过渡到准确停层于欲停楼层上。

（6）每月检查一次可动铁心与铜套间的润滑情况是否良好，铁心吸合有无撞击声或滑动不畅，检查时应注意滑道中有无异物。通常每季度加一次石墨粉，以保持润滑良好。

（7）检查制动器的各紧固螺栓有无松动，每月应全面拧紧一次。

技术与应用——检测电动机工作温度的方法

检测电动机工作温度的常用方法有手触法、温度计法和电阻法。

（1）手触法。这是日常检查中最简单易行的方法，即用手背触摸电动机外壳，如果手感热而不烫或烫而不用缩手，说明电动机温升正常。如果烫得人无法忍受，迫使手离开，则说明电动机的温升已超过了允许值。应注意，用此法切记不要用手心触摸电动机外壳，以防意外。为防止触电，在触摸电动机机壳前，应先用验电笔检测机壳是否漏电。事实上，检查电动机壳接地线是否牢固，测量保护接地电阻值是否超过 4Ω（正常值应小于 4Ω），也是日常检查的内容之一。

（2）温度计法。这种方法比较准确、直观。测量时，先拧掉电动机机壳上的吊环螺钉，再把酒精温度计插入吊环孔中，并用棉纱等柔性绝热材料将温度计与吊环螺孔周围的间隙密封。此时将所测温度再加上 10℃，然后减去当时的环境温度，所得数值即为此时电动机运行中的温升值。

（3）电阻法。这是一种根据导线温度升高使电阻增加的原理来测量电动机温升的方法。实测时，应分别测出电动机绕组冷态直流电阻 R_1 和热态电阻 R_2 的值，再按下式算出绕组温升：

$$T_2 = \frac{R_2 - R_1}{R_1}(T_1 + K)$$

式中　T_1——环境温度（℃）；

　　　T_2——绕组温升（℃）；

　　　K——温度系数，对于铜线，$K=235/℃$；对于铝线，$K=228/℃$。

注意，用此法算出的温升是平均温升，此值与最高温升允许值相差 5℃ 左右。如果算出来的温升是 60℃，则实际上电动机绕组最高点的温升已达 65℃。

5.3　电梯安全管理制度

➤ 本节主要介绍电梯的安全管理制度。

➤ 本节简单介绍一些有关安全管理制度的规定。

 **观察与思考**

国家质量监督检验检疫总局（简称国家质检总局）发布的《电梯使用管理与维护保养规则》（TSG T5001—2009）中第七条规定，使用单位应建立的安全管理制度至少包括哪几方面？使用单位应根据本单位实际情况建立以岗位责任制为核心的电梯使用和运营安全管理制度，至少包括相关人员的职责、安全操作规程、日常检查制度、维保制度、定期报检制度、电梯钥匙使用管理制度、作业人员与相关运营服务人员的培训考核制度、意外事件或事故的应急救援预案与应急救援演习制度安全和技术档案管理制度，并且严格执行。

1. 电梯的相关人员职责

1）单位主管设备安全负责人职责

（1）组织贯彻执行国家、省、市、区有关部门关于电梯管理方面的法律法规和电梯操作规程。

（2）全面负责本单位电梯使用管理工作。

（3）组织建立适合本单位特点的电梯管理体系。

（4）组织制定并审批本单位电梯使用管理方面的规章制度及有关规定，并经常督促检查其执行情况。

（5）审批本单位电梯选购及定期检验计划和修理改造方案，并督促检查其执行情况。

（6）经常深入使用现场，查看电梯使用状况。

（7）组织电梯事故调查分析，找出原因，制定防范措施。

2）管理部门负责人职责

（1）在单位主管设备负责人的领导下，具体组织贯彻执行上级有关电梯使用管理方面的规定。

（2）负责本单位电梯使用管理工作，组织或会同有关部门编制本单位电梯使用管理规章制度。

（3）审核本单位有关电梯的统计报表。

（4）组织做好电梯使用管理基础工作，检查电梯档案资料的收集、整理和归档工作情况。

（5）做好电梯能效测试报告、能耗状况、节能改造技术资料的保存。

（6）抓好作业人员的安全教育、节能培训和考核工作，不断提高作业人员技术素质。

（7）根据本单位电梯使用状况，审定所编制的电梯定期检验和维护保养计划，并负责组织实施。

（8）定期或不定期组织检查本单位电梯使用管理情况。

（9）参加电梯事故调查与分析，提出处理意见和措施。

3）电梯作业人员职责

电梯作业人员必须按"电梯常规（日常）检查制度"做好电梯的日常检查工作。

（1）在开启厅门进入轿厢之前，必须注意轿厢是否停在该层井道内，然后进入轿厢。

（2）开启轿厢内照明。

（3）每日开始工作前，先将电梯上、下行驶数次，检查有无故障和运行不正常情况。

（4）驾驶人员在使用电梯前，应检查内外门锁是否失效，厅外召唤的信号灯或命令载记的执行是否正确，轿内的主要安全装置，如安全触板开关、急停开关、警铃开关等是否正常。

（5）每天下班时，电梯作业人员应关闭照明和风扇。

（6）当电梯出现故障、异常现象时，应及时向有关部门报告并做好相应记录。严禁电梯带"病"运行。

（7）质量第一要保证，安全生产要确保，违章作业坚决不能搞。

2. 电梯的安全操作规程

（1）电梯作业人员在电梯正常行驶时应遵守：

① 严禁电梯超载运行。

② 需要电梯作业人员操作的电梯，作业人员应站在操纵盘前用手指操作电梯，禁止用身体或脚来代替操作，更不可用竹竿、木条来代替操作。禁止用牙签之类的东西塞住控制按钮来操作电梯。

③ 电梯的使用：不允许乘客电梯经常作为载货电梯使用；严禁装运易燃、易爆的危险品，如遇特殊情况，需经有关部门批准，并采取安全保护措施；严禁在厅、轿门开启情况下，用检修速度作为正常行驶；不允许按检修、急停按钮作为正常行驶中消除信号之用；不允许开启轿厢顶安全窗、轿厢安全门来装运超长物件；当物件装进轿厢内后，应先查看所载的物件是否伸出轿厢外，尤其是轿厢内有两个以上门的更应注意。

④ 门区是电梯轿厢内危险的地方，劝告乘客勿依靠轿门。

⑤ 等候装载物或人员时，驾驶人员和其他人员不可站在轿厢和井道厅门之间，应站在轿厢内或井道厅门外面等候。

⑥ 轿顶上部，不得放置它物，轿厢内不得悬吊物品。

⑦ 严禁以手动轿门、厅门的启闭作为电梯的启动或停止。

⑧ 载荷重心应尽可能稳妥的放置在轿厢中间，以免在运行中倾倒。

⑨ 厅外按钮操纵的电梯（包括杂物电梯）操纵禁止事项：严禁载人；严禁把头伸入井道内呼叫；严禁用厅门急停开关或开启厅门来争抢电梯使用。

（2）电梯驾驶人员在协助维修保养时应：

① 维修人员在轿顶进行维修时，驾驶人员应将轿内检修运行开关转换至检修状态。

② 驾驶人员要服从维修人员的指挥，并按照维修人员的指令进行操作。

③ 对门刀时，应该站在操纵盘前，用双手操作。

（3）电梯作业人员在电梯停驶后的工作：

① 当电梯每日工作完毕后停驶时，驾驶人员应将轿厢返回至底层基站。

② 在离开轿厢前，应检查轿厢内外情况，做好清洁工作后，将轿厢内照明灯关闭，并切断电源。

③ 离开轿厢后，应将轿门和厅门关闭，并关闭电锁。

④ 运转班驾驶人员要建立交接班制度，当班要做好电梯运行交班记录及接班注意事项。

（4）电梯三角钥匙存放、管理、运用事项：

① 电梯钥匙要由专人保管使用，正确使用电梯钥匙，若电梯钥匙使用不当，将有可能造成电梯门开启人堕落的严重事故；扶梯钥匙使用不当，将有可能造成扶梯启动时伤人的事故。

② 使用三角钥匙的人员须持有劳动部门颁发的电梯操作上岗证，使用时请注意，轿厢有可能不在本层，有堕落危险，故开启厅门后应确认轿厢在本层后方可进入。

3. 电梯日常检查制度

电梯作业人员必须严格按"电梯常规（日常）检查制度"对电梯进行日常检查：

（1）电梯维护人员在每天工作开始前，除对电梯准备试车外，并应每天到机房内对机械和电气设备做巡视性检查。

（2）每天上班用电梯前，电梯作业人员应对电梯进行逐层停靠运行，在运行中观察电梯是否有异常现象：

① 听有无异声和异常振动。

② 闻有无异常气味出现。

③ 电梯的启动、停车和平层情况。

④ 电梯的照明及风扇工作是否正常。

（3）检查制动器、继电器、接触器等是否正常工作；各级电压是否在正常工作范围内。

（4）机房的温度、湿度是否正常；电动机、减速器、制动器温升是否正常。

（5）操纵箱的按纽、开关工作是否正常；指层及方向指示是否正常。

（6）电梯作业人员若发现问题，应及时报告有关部门并做好记录。

（7）机房内应有足够通风排气设备，以保持机房通风良好。

（8）注意机房温度保持在 20～30℃。

（9）做好防风、防雨、防霉、防火措施，及时清理机房杂物。

（10）不要让水流入电梯井道，不要让水淋湿电梯部件。

（11）机件应定期加油维护。

4. 电梯的维保制度

电梯使用单位应当对电梯制定实施例行保养和定期维护的制度，明确规定维修保养的基本项目和达到的要求。

（1）电梯应定期维护保养，按照《电梯使用管理与维护保养规则》等文件进行维护保养，并记录维修保养项目。

（2）当电梯出现故障需要维修时，维修人员应及时到达现场，查出故障原因，及时排除、维修，同时按保养项目整梯验查一次。

5. 电梯定期报检制度

在电梯《安全检验合格证》有效期到期前 30 天时，电梯使用单位必须协助电梯维修保养单位办理电梯年度定期检验申报手续。在此期间，要配合电梯维修单位维保人员和质检人员，对电梯的各机械部件和电气设备及各辅助设施进行一次全面的检查和维修，并按技术检验标准进行一次全面的安全性测试，在检测合格后，协助电梯维修单位向特种设备质量技术安全检测部门申报电梯设备的定期检验。电梯使用单位必须根据电梯日常运行状态、零部件磨损程度、运行年限、频率、特殊故障等，在日常维修保养已无法解决时，对电梯进行中、大修或单项大修。

6. 电梯三角钥匙的管理制度

电梯三角钥匙使用不当，将有可能造成电梯层门开启者坠落井道的严重事故。为了确保乘客和电梯作业人员的安全，电梯使用单位必须建立电梯钥匙管理制度，特别是要加强对电梯三角钥匙的管理。

（1）使用电梯三角钥匙的人员必须持有《电梯作业人员证》。

（2）使用的三角钥匙上必须附有安全警示牌或在三角锁孔的周边贴有警示牌：注意禁止非专业人员使用三角钥匙，门开启时先确定轿厢位置。

（3）必须对电梯作业人员进行专项培训，使之能熟练掌握电梯三角钥匙的使用方法和安全注意事项。

（4）电梯作业人员不得擅自将电梯三角钥匙借给他人使用，以免发生意外。

（5）电梯三角钥匙需要具备一定电梯知识的电梯安全管理员保管，负责电梯的日常管理。

7. 电梯作业人员与相关运营服务人员的培训考核制度

国务院于 2009 年 1 月 24 日颁布的《特种设备安全监察条例》（549 号令）及国家质检总局于 2005 年 9 月 16 日发布的《特种设备作业人员考核规则》等文件对特种设备作业人员培训、考核等都作出明确的规定。电梯使用单位应以这些规定为依据制定作业人员及运营服务人员的培训考核制度。

1）电梯作业人员培训考核制度

（1）电梯作业人员必须经过培训，考核合格取得《特种设备作业人员证》，方可从事相应的作业或管理工作。

（2）申请《特种设备作业人员证》的人员，应当首先到发证部门指定的特种设备作业人员考核机构参加考试；考试包括理论和实际操作两个科目，均实行百分制，60 分合格。

（3）考试合格的人员，由考试机构向发证部门统一申请办理《特种设备作业人员证》。

（4）《特种设备作业人员证》每两年复审一次。持证人员应当在复审期满三个月前，向发证部门提出复审申请。复审合格的，由发证部门在证书正本上签章；复审不合格的，应当重新参加考试。

（5）电梯使用单位应当按照国家质检总局制定的相关作业人员培训考核大纲的内容，要求作业人员具备必要的安全作业知识、作业技能和及时进行更新，培训要做好记录。

2）电梯运营服务人员培训考核制度

（1）电梯运营服务人员培训考核的内容应当按照国家质检总局制定的《电梯安全管理人员和作业人员考核大纲》中的相关内容、要求进行。

（2）电梯使用单位应当每年制定电梯运营服务人员培训教育计划，保证其具备必要的安全操作知识、技能，培训、教育时要做好记录。

（3）对电梯运营服务人员的考核拟定每月进行一次，采用百分等级制。

（4）百分等级考核应和电梯运营服务人员的当月工资挂钩。

8. 意外事件或事故的应急救援预案与应急救援演习制度

"特种设备是指由国家认定的，因设备本身和外在因素的影响容易发生事故，并且一旦发生事故会造成人身伤亡及重大经济损失的危险性较大的设备。"因此，特种设备作业人员，首先要持证上岗，其次要严格按安全操作规程进行作业。这仍然难以防止一些意外事件、事故的发生。当意外事件发生后，在绝大多数情况下，后果取决于人们是否熟练掌握紧急救援的方法，如果惊慌失措、动作迟缓、拖延时间或救援方法不当，都可能造成人员伤亡、国家财产的更大损失。因此，必须对相关人员每年进行一次救援演习（必要时可增加救援演习次数）。

救援演习内容如下。

（1）触电急救。具体内容如下。

① 了解触电解救的基本常识。

② 低压触电解脱方法。

③ 高压触电解救方法。

④ 人工呼吸的基本方法。

（2）电器灭火方法。具体内容如下。

① 了解电器着火后的灭火常识。

② 要会使用二氧化碳灭火器、四氯化碳灭火器及其他灭火器材。

（3）了解掌握一般的包扎方法。

（4）人员被困在电梯轿厢内的救援方法。

9. 电梯安全技术档案管理制度

特种设备安全技术档案资料是特种设备从购入、安装、使用，直至报废的全过程的技术资料。特种设备安全技术档案管理工作为特种设备管理提供资料、技术信息和考核的依据，是完善特种设备管理的基础工作，应建立和完善特种设备安全技术档案管理制度，确保特种设备档案的完整性、真实性和可靠性。《特种设备安全监察条例》、《特种设备质量监督与安全监察规定》、《电梯使用管理与维护保养规则》等文件，都要求电梯使用单位应当建立电梯安全技术档案。安全技术档案至少包括以下内容。

（1）《特种设备使用登记表》。

（2）设备及其零部件、安全保护装置的产品技术文件。

（3）安装、改造、重大维修的有关资料、报告。

（4）日常检查与使用状况记录、维保记录、年度自行检查记录或报告、应急救援演习记录。

（5）安装、改造、重大维修监督检验报告、定期检验报告。

（6）设备运行故障与事故记录。

日常检查与使用状况记录、维保记录、年度自行检查记录或报告、应急救援演习记录、定期检验报告、设备运行故障记录，至少保存两年，其他资料应当长期保存。使用单位变更时，应当随机移交安全技术档案（《电梯使用管理与维护保养》第十一条）。

技术与应用——电梯机房管理制度

机房的管理以满足电梯的工作条件和安全为原则，主要内容如下。

（1）电梯机房除维修保养人员外，其他人员未经允许严禁入内。

（2）应保持通向电梯机房通道的畅通。

（3）电梯机房门窗应能防风雨，门应上锁，并标有"机房重地，闲人免进"字样。

（4）电梯机房严禁摆放杂物和易燃、易爆、腐蚀性物品，机房内不能有导电尘埃存在。

（5）应保持电梯机房的整洁和良好通风，并保持室内温度在 5～40℃，相对湿度不大于 90%。

（6）电梯机房必须配备合适的消防器材和完整的困人解救工具及其具体操作规程。

（7）应保持电梯机房与电梯轿厢对讲电话的完好。

（8）应保持电梯平层标志的完好，保持主电动机、曳引轮、限速器轮、盘车手轮上方向标志的明确清晰。

（9）几台电梯共用同一机房时，每台电梯的主电源开关和曳引机编号应一一对应。

小　结

回忆一下，下面列举的电梯维修、保养及安全管理制度的相关知识你记住了吗？

（1）电梯维护保养一般分为周保养、月保养、半年保养和一年保养。

（2）电梯的日常维护和保养，对电梯安全运行非常重要，主要包括电梯机房的日常保养、电梯井道的日常保养、电梯轿厢的日常保养、电梯层站的日常保养和电梯安全保护系统的日常保养。

（3）国家质检总局发布的《电梯使用管理与维护保养规则》中规定，使用单位应建立的安全管理制度至少包括相关人员的职责、安全操作规程、日常检查制度、维保制度、定期报检制度、电梯钥匙使用管理制度、作业人员与相关运营服务人员的培训考核制度、意外事件或事故的应急救援预案与应急救援演习制度安全和技术档案管理制度。

告诉我，这些电梯部件的维修保养要点你能描述出来吗？

（1）电梯曳引钢丝绳的维修保养要点。

（2）电梯导轨和导靴维修保养要点。

（3）电梯对重和补偿装置维修保养要点。

（4）电梯轿厢维修保养要点。

（5）电梯安全装置维修保养要点。

练　习

1. 判断题（对的打√，错的打×）

（1）电梯维修保养时，可以要求驾驶人员配合操作电梯。　　　　　　　　　（　　）

（2）电梯维修保养人员少量饮酒后不影响其安全工作。　　　　　　　　　（　　）

（3）货梯运载时只能载货，不能载人。　　　　　　　　　　　　　　　（　　）

（4）使用单位的电梯钥匙应专人保管、使用，但使用人无须经过培训。　　（　　）

（5）特种设备使用单位应当对在用特种设备进行经常性日常维护保养，并定期自行检查。

　　　　　　　　　　　　　　　　　　　　　　　　　　　　　　　　（　　）

（6）电梯维修单位应制定电梯事故应急防范措施和救援预案并定期演练，而使用单位则不需要。　　　　　　　　　　　　　　　　　　　　　　　　　　　　　（　　）

（7）电梯机房严禁闲杂人员进入。　　　　　　　　　　　　　　　　　（　　）

（8）电梯维修、检查中，严禁身体横跨于轿顶和层门间工作。　　　　　（　　）

（9）电梯、客运索道、大型游乐设施的运营使用单位应当将电梯、客运索道、大型游乐

设施的安全注意事项和警示标志置于易于为乘客注意的显著位置。　　　　　　　　　（　　）

（10）未取得电梯维修操作上岗证的人员，不允许进入电梯维修保养岗位，且不能参加电梯维修保养工作。　　　　　　　　　　　　　　　　　　　　　　　　　　　　　　（　　）

2. 简答题

（1）电梯轿厢的日常保养包括哪些部件？

（2）电梯安全保护系统日常保养包括哪些部件？

（3）请简述电梯三角钥匙的使用管理制度。

附　录

附录 A　欧洲 EN 电梯标准简介

建立统一的欧洲大市场，实现商品的自由流通，就需要统一产品方面最基本的安全要求。在这方面欧盟探索出了一条非常成功的道路，可为各个国家和地区提供有益的参考。

欧盟委员会和理事会颁布的指令，是典型的技术法规。1985 年颁布实施《技术协调与标准化方法》，简称"新方法"。"新方法"指令涵盖了简单压力容器、玩具安全、医疗器械、电信设备、低压电器等直接涉及人身安全和健康的领域。在这些领域中，欧盟通过建立技术法规，即欧盟"新方法"指令，规定了在这些领域中对产品的基本技术要求。

根据技术法规中的基本技术要求，制定或采用相应的标准作为产品技术规格的辅助性要求。委托 CEN 和 CENELEC 制定的标准，称为协调标准。欧盟对与指令相关的协调标准进行通报，并且承认凡是符合其通报标准的要求，也就符合了相关的指令要求。

在欧盟的新方法指令中还规定了所涵盖产品的合格评定的模式。技术法规—标准—合格评定程序在欧盟的新方法指令中通过指令—产品—协调标准这条主线有机地结合了起来。

其中与电梯相关的指令有 3 个：

(1) Directive 95/16/EC relating to Lifts. 95/16/EC 电梯指令。

(2) Directive 98/37/EC relating to Machinery. 98/37/EC 机械指令。

(3) Directive 89/336/EC relating to Electromagnetic compatibility 89/336/EC 电磁兼容指令。

与自动扶梯和自动人行道相关的指令也是 3 个：

(1) Directive 98/37/EC relating to Machinery. 98/37/EC 机械指令。

(2) Directive 89/336/EC relating to Electromagnetic compatibility 89/336/EC 电磁兼容指令。

(3) The Low Voltage Directive 73/23/EEC（and subsequent amendments）73/23/EEC 低压电器指令。

欧洲标准化技术委员会（CEN）在机械安全、电梯和合格评定等方面是走在全球前列的。其中负责电梯标准制定的是 TC10 及 CEN/TC 10。

CEN/TC 10 制定的电梯标准主要有：

(1) EN 81 Safety rules for the construction and installation of lifts 电梯制造与安装安全规范系列

(2) EN 81-1：1998　Part 1：Electric lifts　/A2：2004 电梯

(3) EN 81-2：1998　Part 2：Hydraulic lifts　/A2：2004 液压电梯

(4) EN 81-3：2000　Part 3：Electric and hydraulic service lifts 服务梯

(5) EN 81-28：2003　Part 28：Remote alarm for passenger and goods passenger lifts 客梯和货梯远程报警装置

(6) EN 81-58：2003　Part 58：Landing door fire test 层门耐火试验

(7) EN 81-70：2003　Part 70：Accessibility to lifts for persons including persons with disabili-

ty　/A2：2004 电梯可接近性

（8）EN 81-71：2005　Part 71：vandal resistant lifts 防故意破坏电梯

（9）EN 81-72：2003　Part 72：Fire-fighters lifts 消防员电梯

（10）EN 81-73：2005　Part 73：Behaviour of lifts in the event of fire 电梯在火中的性能

（11）EN 115：1998　Safety rules for the construction and installation of escalators and passenger conveyors　/A2：2004 自动扶梯和自动人行道制造与安装安全规范（该标准已有两个修正案，而我国等同采用的未做任何修订，目前该标准已有最新版本。）

（12）EN 13015：2001　Maintenance for lifts and escalators：Rules for maintenance instructions 电梯维修规范

目前，EN 电梯标准基本得到了世界范围内各国的普遍认可，我国的电梯、自动扶梯和自动人行道等基础标准也均等效采用了 EN 标准。这一策略是非常正确的，不仅快速提高了我国电梯的技术水平，也为我国电梯行业快速融入国际化奠定了基础。

总体而言，无论是国际标准化组织 ISO、美国 ASME，还是欧洲 EN，其制定的电梯标准均形成了一个较完整的体系，标准分成不同的层次，且各标准之间的协调性好，这点值得我们很好的借鉴。了解和掌握电梯标准可以开阔视野，本附录对标准的含义做了一个简单介绍，希望对电梯行业从业人员有所帮助。

附录B 中国电梯相关法律法规文件目录表

序　号	编　号	文　件　名
1	TSG T5001—2009	电梯使用管理与维护保养规则
2	TSG T7001—2009	电梯监督检验和定期检验规则——曳引与强制驱动电梯
3	TSG ZF001—2006	安全阀安全技术监察规程
4	GB 21240—2007	液压电梯制造与安装安全规范
5	JG/T 5072.1—1996	电梯T型导轨
6	JG/T 5072.2—1996	电梯T型导轨检验规则
7	JG/T 5072.3—1996	电梯对重用空心导轨
8	GA 109—1995	电梯层门耐火试验方法
9	GB/T 24474—2009	电梯乘运质量测量
10	GB/T 22562—2008	电梯T型导轨
11	GB/T 10058—2009	电梯技术条件
12	GB/T 10059—2009	电梯试验方法
13	GB/T 24478—2009	电梯曳引机
14	JB/T 8545—2010	自动扶梯梯级链、附件和链轮
15	GB 8903—2005	电梯用钢丝绳
16	GB/T 24475—2009	电梯远程报警系统
17	GB/T 24476—2009	电梯、自动扶梯和自动人行道数据监视和记录规范
18	GB/T 12974—2012	交流电梯电动机通用技术条件
19	GB 24803.1—2009	电梯安全要求　第1部分：电梯基本安全要求
20	GB 24804—2009	提高在用电梯安全性的规范
21	GB/T 7024—2008	电梯、自动扶梯、自动人行道术语
22	GB/T 7025.1—2008	电梯主参数及轿厢、井道、机房的型式与尺寸第1部分：Ⅰ、Ⅱ、Ⅲ、Ⅵ类电梯
23	GB/T 7025.2—2008	电梯主参数及轿厢、井道、机房的型式与尺寸第2部分：Ⅳ类电梯
24	JG 5071—1996	液压电梯
25	JG 135—2000	杂物电梯
26	GB/T 10060—2011	电梯安装验收规范
27	GB 16899—2011	自动扶梯和自动人行道的制造与安装安全规范
28	GB/T 18775—2009	电梯、自动扶梯和自动人行道维修规范
'29	GB 7588—2003	电梯制造与安装安全规范
30		电梯安装维修技巧与禁忌
31	GB 50310—2002	电梯工程施工质量验收规范
32		上海市电梯安全监察办法
33		自动扶梯和自动人行道监督检验规程

序 号	编 号	文 件 名
34		液压电梯监督检验规程
35		杂物电梯监督检验规程
36		电梯标准法规汇编（上）
37		电梯标准法规汇编（下）
38		《电梯制造与安装安全规范》解读
39		电梯基本原理及安装维修全书
40		电梯检验员手册
41		电梯与自动扶梯技术检验
42		电梯安装维修人员培训考核必读
43		常见电梯电路注解图集
44		电梯工程施工工艺标准
45	TSG T6001—2007	电梯安全管理人员和作业人员考核大纲

参 考 文 献

［1］王志强，杨春帆，姜雪松. 最新电梯原理、使用与维护［M］. 北京：机械工业出版社，2006.

［2］朱坚儿，王为民. 电梯控制及维修技术［M］. 北京：电子工业出版社，2011.

［3］杨江河，邹先容，王经万. 电梯安装与维修手册［M］. 北京：化学工业出版社，2012.

［4］陈家盛. 电梯实用技术教程［M］. 北京：中国电力出版社，2006.

［5］陈家盛. 电梯结构原理及安装维修［M］. 4 版. 北京：机械工业出版社，2012.

［6］夏国柱. 电梯安全守则［M］. 北京：机械工业出版社，2011.

［7］许林，张荣. 电梯安装维修与保养安全技术［M］. 合肥：安徽科学技术出版社，2011.

［8］朱桐. 电梯安装维修工快速入门［M］. 北京：北京理工大学出版社，2011.

［9］朱昌明，洪致育、张惠侨等. 电梯与自动扶梯原理、结构、安装、测试［M］. 上海：上海交通大学出版社，1995.

［10］贺德明，肖伟平. 电梯结构与原理［M］. 广州：中山大学出版社. 2009.

［11］张琦. 现代电梯构造与使用［M］. 北京：清华大学出版社. 2004.